2025년 대비 전면 개정판

전기산업기사

실기 파이널+단답형

편저 **김상훈**

건국대학교 전기공학과 졸업(공학박사)
現 엔지니어랩 전기분야 대표강사
現 ㈜일렉킴에듀 대표
現 인하공업전문대학 교수
現 대한전기학회 이사(정회원)
前 커넥츠 전기단기 전기분야 대표강사
前 NCS 전기분야 집필진
前 에듀윌 전기기사 대표강사
前 김상훈전기기술학원 원장
前 EBS 전기(산업)기사/전기공사(산업)기사 교수
前 한국조명설비학회 이사(정회원)

저서 : 『2025 회로이론』 외 기본서 시리즈 7종
　　　『2025 전기기사 필기』 외 3종
　　　『2025 전기기사 실기』 외 3종
　　　『파이널 특강 – 전기기사 필기』 외 5종
　　　『2025 전기기사 필기 7개년 기출문제집』 외 1종
　　　『2025 전기기능사 필기 기출문제집』 외 1종
　　　『2024 9급 공무원 전기직 전기이론』 외 5종
　　　『2024 고등학교 교과서 전기설비』

감수 **한빛전기수험연구회**

동영상 강좌 수강
엔지니어랩 https://www.engineerlab.co.kr

2025 전기산업기사 실기 파이널 + 단답형 – 엄선된 기출문제 356선

초판 발행 2025년 3월 15일
편저자 김상훈
펴낸이 배용석
펴낸곳 도서출판 윤조
전화 050-5369-8829 / **팩스** 02-6716-1989
등록 2019년 4월 17일
ISBN 979-11-92689-39-5 13560
정가 23,000원

이 책에 대한 의견이나 오탈자 및 잘못된 내용에 대한 수정 정보는 아래 홈페이지와 이메일로 알려주시기 바랍니다.
홈페이지 www.yoonjo.co.kr / **이메일** customer@yoonjo.co.kr

이 책의 저작권은 김상훈과 도서출판 윤조에게 있습니다.
저작권법에 의해 보호를 받는 저작물이므로 무단 복제 및 무단 전재를 금합니다.

회차별 학습 체크 리스트

이 책의 목차

이제는 합격이다

회차별 학습 체크 리스트 ·················· 3
편저자/감수자의 말 ·························· 4

Part 01 전기산업기사 실기 필수 기출문제 146선

학습

01_엄선된 필수 기출문제 33선(5회 이상) ························· 6 ☐☐☐
02_엄선된 필수 기출문제 38선(4회 이상) ························ 32 ☐☐☐
03_엄선된 필수 기출문제 75선(3회 이상) ························ 67 ☐☐☐

Part 02 전기산업기사 실기 단답형 210선

전기산업기사 실기 단답형 문제 ································130 ☐☐☐

편저자의 말

1970년대 중반부터 시행된 전기 분야 국가기술자격시험은 일부 개정을 거쳐 현재에 이르고 있으며, 시험 합격을 위해서는 그에 맞는 전략과 노력이 필요합니다.

최근 5년 동안의 시험 경향을 보면 확실히 예전보다는 조금 어려워졌습니다. 예전처럼 그냥 외우는 방법으로는 어렵고, 이론을 이해해야 풀 수 있는 문제들이 많아지고 있기 때문입니다. 특히 필기시험은 출제 경향이 크게 다르지 않은데, 실기시험은 회차별로 난이도 차이가 크게 나고 예전보다 문제수도 늘어나 좀 더 세분화되었다고 볼 수 있습니다.

그러므로 합격의 전략은 새로운 경향을 찾는 것보다는 많이 출제되었던 기출문제를 공부하되 이론을 같이 공부하는 것이 빠른 합격에 유리할 수 있습니다.

또 전기기사 출제 경향을 합격자 수로 이야기하는 경우가 많지만, 작년에 합격자 수가 많았다고 해서 올해 꼭 적게 나오는 것은 아닙니다. 약간씩 출제 경향의 변화가 있지만 난이도는 거의 대동소이하며, 수급 조절은 3~5년으로 보기 때문에 수험생 스스로 섣부른 판단은 하지 않도록 해야 합니다.

필자는 10여 년 전부터 현재까지 오프라인 학원, 수많은 온라인 교육 및 EBS 강의를 진행하면서 많은 수험생을 접하며 그들이 가지고 있는 고충과 애로사항을 청취한 결과, 국가기술자격시험 합격을 위한 보다 쉽고 확실한 해법을 주기 위하여 이 교재를 집필하게 되었습니다.

본 수험서의 특징은 그간 어렵게 생각했던 문제를 쉽게 해설하여 수험생들이 혼자 공부할 수 있게 하고, 매년 출제 빈도를 반영하여 문제마다 별 표시를 해 중요 부분을 확인할 수 있게 함으로써 시험 대비 시 공부의 효율을 높이도록 한 점입니다.

아무쪼록 본 수험서로 공부하는 모든 분이 합격하시기를 기원하며, 마지막으로 본 수험서가 출간되기까지 큰 노력을 기울여주신 한빛전기수험연구회 여러분들과 도서출판 윤조 배용석 대표님께 감사의 말씀을 전합니다.

편저자 김상훈

감수자의 말

현대 사회에서 전기의 중요성은 날로 커지고 있으며, 일정한 자격을 갖춘 전문가들에 의해 여러 가지 기술의 개발과 발전이 이루어지고 있습니다. 이러한 전기 분야의 전문가를 국가기술자격시험을 통해 선발하기 때문에 이 시험의 비중이 날로 증가하고 있는 추세입니다.

우리 연구회 일동은 전기 분야 교육의 전문가이신 김상훈 박사가 책 출간 후 5년간의 노하우와 새로운 경향을 반영하는 개정 작업의 감수에 참여하게 되어 기쁜 마음으로 더욱더 좋은 책, 수험생들이 쉽게 이해할 수 있는 책이 되도록 노력하였습니다.

아무쪼록 본 수험서로 공부하는 수험생 모두가 합격하여 우리나라 전기 분야에 이바지하는 전문가들로 성장하기를 기원합니다.

한빛전기수험연구회 일동

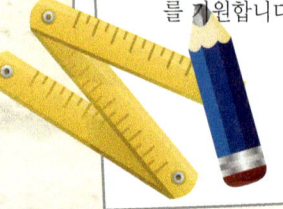

PART 01

전기산업기사 실기
엄선된 필수 기출문제 146선

1. 엄선된 필수 기출문제 33선(5회 이상 출제)
2. 엄선된 필수 기출문제 38선(4회 이상 출제)
3. 엄선된 필수 기출문제 75선(3회 이상 출제)

과년도 기출문제를 토대로 출제빈도 수에 따라 5회, 4회, 3회 이상 출제된 문제들만 엄선한 필수 기출문제입니다.

CHAPTER 01 엄선된 필수 기출문제 33선

5회 이상 출제

01 ★★★★★
단상 2선식 200[V]의 옥내 배선에서 소비전력이 60[W], 역률 65[%]인 형광등 100등을 설치하고자 한다. 분기회로를 16[A] 분기회로 한다면 분기회로 수는 몇 회선이 필요한지 구하시오(단, 1개 회로의 부하전류는 분기회로 용량의 80[%]로 하고 수용률은 100[%]로 한다).

• 계산 :   • 답 :

Answer

계산 : 부하전류 $I = \dfrac{P}{V\cos\theta} = \dfrac{60 \times 100}{200 \times 0.65} = 46.15[A]$

분기회로 수 $= \dfrac{46.15}{16 \times 0.8} = 3.61$ 회로

답 : 16[A] 분기 4회로

Explanation

부하상정 및 분기회로

분기 회로수 $= \dfrac{\text{표준 부하 밀도}[VA/m^2] \times \text{바닥 면적}[m^2]}{\text{전압}[V] \times \text{분기 회로의 전류}[A]}$

【주1】 계산결과에 소수가 발생하면 절상한다.
【주2】 220[V]에서 3[kW] (110[V]때는 1.5[kW])를 초과하는 냉방기기, 취사용기기 등 대형 전기 기계기구를 사용하는 경우에는 단독분기회로를 사용하여야 한다.
※ 분기회로 전류는 보통 문제에서 주어지지 않으면 16[A] 분기회로임

02 ★★★★★
그림과 같은 분기회로의 전선 굵기를 표준 공칭단면적[㎟]으로 선정하시오(단, 전압강하는 2[V]이고, 배선방식은 교류 220[V], 단상 2선식이며, 후강전선관 공사로 한다).

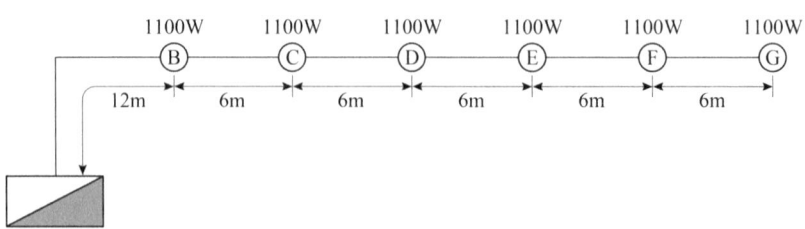

• 계산 :   • 답 :

Answer

계산 : 개별 부하전류 $I = \dfrac{P}{V} = \dfrac{1,100}{220} = 5[A]$

부하 중심점까지의 거리 $L = \dfrac{5 \times 12 + 5 \times 18 + 5 \times 24 + 5 \times 30 + 5 \times 36 + 5 \times 42}{5+5+5+5+5+5} = 27[m]$

부하전류 $I = \dfrac{1,100 \times 6}{220} = 30[A]$

단면적 $A = \dfrac{35.6\,LI}{1,000e} = \dfrac{35.6 \times 27 \times 30}{1,000 \times 2} = 14.42[\text{mm}^2]$ $\therefore 16[\text{mm}^2]$ 선정

답 : 16[mm²] 선정

Explanation

부하 중심점의 거리 $L = \dfrac{\sum l \times i}{\sum i} = \dfrac{I_1 l_1 + I_2 l_2 + I_3 l_3 \cdots}{I_1 + I_2 + I_3 \cdots}$

KSC-IEC 전선 규격

전선의 공칭단면적 [mm²]			
1.5	16	95	300
2.5	25	120	400
4	35	150	500
6	50	185	630
10	70	240	

전압강하 및 전선의 단면적 계산

전기 방식	전압강하	전선 단면적	대상 전압강하
단상 3선식 직류 3선식 3상 4선식	IR	$e = \dfrac{17.8LI}{1,000A}$	$A = \dfrac{17.8LI}{1,000e}$	대지와 선간
단상 2선식 **직류 2선식**	$2IR$	$e = \dfrac{35.6LI}{1,000A}$	$A = \dfrac{35.6LI}{1,000e}$	선간
3상 3선식	$\sqrt{3}\,IR$	$e = \dfrac{30.8LI}{1,000A}$	$A = \dfrac{30.8LI}{1,000e}$	선간

여기서, e : 전압강하[V]
 A : 사용전선의 단면적[mm²]
 L : 선로의 길이[m]
 C : 전선의 도전율(97[%])

03 ★★★★★
3층 사무실용 건물에 3상 3선식의 6,000[V]로 강압하여 수전하는 수전설비를 하였다. 각종 부하설비가 표와 같을 때 주어진 조건을 이용하여 다음 각 물음에 답하시오.

동력부하설비					
사용 목적	용량[kW]	대수	상용동력[kW]	하계동력[kW]	동계동력[kW]
난방관계 - 보일러 펌프 - 오일기어 펌프 - 온수순환 펌프	6.7 0.4 3.7	1 1 1			6.7 0.4 3.7
공기조화관계 - 1, 2, 3층 패키지 콤프레셔 - 콤프레셔 팬 - 냉각수 펌프 - 쿨링타워	7.5 5.5 5.5 1.5	6 3 1 1	16.5	45.0 5.5 1.5	
급수, 배수 관계 - 양수 펌프	3.7	1	3.7		
기타 - 소화 펌프 - 샤터	5.5 0.4	1 2	5.5 0.8		
합계			26.5	52.0	10.8

조명 및 콘센트 부하 설비						
사용 목적	왓트 수[W]	설치 수량	환산 용량[VA]	총 용량[VA]	비고	
전등 관계 - 수은등 A - 수은등 B - 형광등 - 백열전등	200 100 40 60	2 8 820 20	260 140 55 60	520 1,120 45,100 1,200	200[V] 고역률 100[V] 고역률 200[V] 고역률	
콘센트 관계 - 일반 콘센트 - 환기팬용 콘센트 - 히터용 콘센트 - 복사기용 콘센트 - 텔레타이프용 콘센트 - 룸쿨러용 콘센트	1,500	70 8 2 4 2 6	150 55	10,500 440 3,000 3,600 2,400 7,200	2P 15A	
기타 - 전화교환용 정류기				800		
계				75,880		

[조건]
- 동력부하의 역률은 모두 70[%]이며, 기타는 100[%]로 간주한다.
- 조명 및 콘센트 부하설비의 수용률은 다음과 같다.
  - 전등설비 : 60[%]
  - 콘센트설비 : 70[%]
  - 전화교환용 정류기 : 100[%]
- 변압기 용량 산출 시 예비율(여유율)은 고려하지 않으며 용량은 표준규격으로 답하도록 한다.
- 변압기 용량 산정 시 필요한 동력부하설비의 수용률은 전체 평균 65[%]로 한다.

(1) 동계난방 때 온수순환 펌프는 상시 운전하고 보일러 펌프와 오일기어 펌프의 수용률이 55[%]일 때 난방동력에 대한 수용부하는 몇 [kW]인지 구하시오.
• 계산 :   • 답 :

(2) 상용동력, 하계동력, 동계동력에 대한 피상전력은 몇 [kVA]가 되는지 구하시오.
〈상용동력〉
• 계산 :   • 답 :
〈하계동력〉
• 계산 :   • 답 :
〈동계동력〉
• 계산 :   • 답 :

(3) 이 건물의 총 전기설비 용량은 몇 [kVA]를 기준으로 하여야 하는지 구하시오.
• 계산 :   • 답 :

(4) 조명 및 콘센트 부하설비에 대한 단상 변압기의 표준용량은 몇 [kVA]가 되어야 하는지 구하시오.
• 계산 :   • 답 :

(5) 동력부하용 3상 변압기의 표준용량은 몇 [kVA]가 되어야 하는지 구하시오.
• 계산 :   • 답 :

(6) 단상과 3상 변압기의 전류계용으로 사용되는 변류기의 1차 측 정격전류는 각각 몇 [A]인지 구하시오.
〈단상〉
• 계산 :   • 답 :

⟨3상⟩
- 계산 :　　　　　　　　　　　　　　• 답 :

(7) 역률개선을 위하여 각 부하마다 전력용 콘덴서를 설치하려고 할 때에 보일러 펌프의 역률을 95[%]로 개선하려면 몇 [kVA]의 전력용 콘덴서가 필요한지 구하시오.
- 계산 :　　　　　　　　　　　　　　• 답 :

Answer

(1) 계산 : 수용부하 $= 3.7 + (6.7 + 0.4) \times 0.55 = 7.61[\text{kW}]$　　　　답 : 7.61[kW]

(2) ⟨상용동력⟩

　　계산 : 상용동력의 피상전력 $= \dfrac{26.5}{0.7} = 37.86[\text{kVA}]$　　　　답 : 37.86[kVA]

　　⟨하계동력⟩

　　계산 : 하계동력의 피상전력 $= \dfrac{52.0}{0.7} = 74.29[\text{kVA}]$　　　　답 : 74.29[kVA]

　　⟨동계동력⟩

　　계산 : 동계동력의 피상전력 $= \dfrac{10.8}{0.7} = 15.43[\text{kVA}]$　　　　답 : 15.43[kVA]

(3) 계산 : $37.86 + 74.29 + 75.88 = 188.03[\text{kVA}]$　　　　답 : 188.03[kVA]

(4) 계산 : 전등 관계 : $(520 + 1{,}120 + 45{,}100 + 1{,}200) \times 0.6 \times 10^{-3} = 28.76[\text{kVA}]$

　　　　콘센트 관계 : $(10{,}500 + 440 + 3{,}000 + 3{,}600 + 2{,}400 + 7{,}200) \times 0.7 \times 10^{-3} = 19[\text{kVA}]$

　　　　기타 : $800 \times 1 \times 10^{-3} = 0.8[\text{kVA}]$

　　　　$28.76 + 19 + 0.8 = 48.56[\text{kVA}]$이므로 단상 변압기 용량은 50[kVA]가 된다.　　답 : 50[kVA]

(5) 계산 : 동계동력과 하계동력 중 큰 부하를 기준하고 상용동력과 합산하여 계산하면

　　　　$\dfrac{(26.5 + 52.0)}{0.7} \times 0.65 = 72.89[\text{kVA}]$이므로

　　　　3상 변압기 용량은 75[kVA]가 된다.　　　　답 : 75[kVA]

(6) ① 단상 변압기 1차 측 변류기

　　　　$I = \dfrac{50 \times 10^3}{6 \times 10^3} \times (1.25 \sim 1.5) = 10.42 \sim 12.5[\text{A}]$　　　　답 : 10[A] 선정

　　② 3상 변압기 1차 측 변류기

　　　　$I = \dfrac{75 \times 10^3}{\sqrt{3} \times 6 \times 10^3} \times (1.25 \sim 1.5) = 9.02 \sim 10.83[\text{A}]$　　　　답 : 10[A] 선정

(7) 계산 : $Q_c = P(\tan\theta_1 - \tan\theta_2) = 6.7 \times \left(\dfrac{\sqrt{1 - 0.7^2}}{0.7} - \dfrac{\sqrt{1 - 0.95^2}}{0.95} \right) = 4.63[\text{kVA}]$　　답 : 4.63[kVA]

Explanation

- 수용부하=설비용량×수용률
- 피상전력[kVA]$= \dfrac{P}{\cos\theta}$
- 동력용 변압기 선정 시=상용동력+하계동력과 동계동력 중 큰 부하
- CT의 변류비
  - 변류비=CT 1차측 전류×(1.25 SIM1.5)/5
  - CT 1차 전류 : 5, 10, 15, 20, 30, 40, 50, 75, 100, 150, 200, 300, 400, 500, 600, 750, 1,000, 1,500, 2,000, 2,500 [A]

04 변류기(CT) 2대를 V결선하여 OCR 3대를 그림과 같이 연결하였다. 그림을 보고 다음 각 질문에 답하여라.

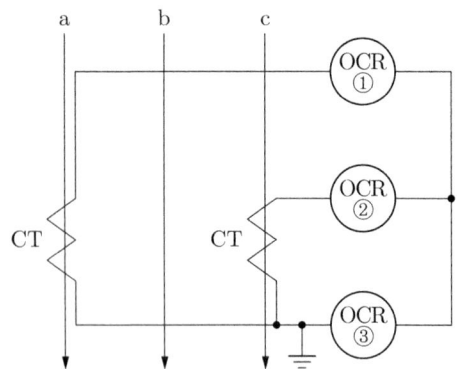

(1) 우리나라에서 사용하는 변류기(CT)의 극성은 일반적으로 어떤 극성을 사용하는지 적어라.
(2) 변류기 2차측에 접속하는 외부 부하임피던스를 무엇이라고 하는지 적어라.
(3) ③번 OCR에 흐르는 전류는 어떤 상의 전류인지 적어라.
(4) OCR은 주로 어떤 사고가 발생하였을 때 작동하는지 적어라.
(5) 이 전로는 어떤 배전방식을 취하고 있는지 적어라.
(6) 그림에서 CT의 변류비가 30/5이고, 변류기 2차측 전류를 측정하였더니 3[A]이었다면 수전전력은 약 몇 [kW]인지 계산하여 구하여라. 단, 수전전압은 22,900[V]이고, 역률은 90[%]이다.
  • 계산 :   • 답 :

Answer

(1) 감극성
(2) 정격부담
(3) b상 전류
(4) 단락사고
(5) 3상 3선식 비접지 방식
(6) 계산 : $P = \sqrt{3}\,VI\cos\theta \times 10^{-3} = \sqrt{3} \times 22,900 \times (3 \times \frac{30}{5}) \times 0.9 \times 10^{-3} = 642.56\,[kW]$

답 : 642.56[kW]

Explanation

• 우리나라에서 사용되는 PT, CT의 결선 : 감극성
• 수전전력 $P = \sqrt{3}\,V_1 I_1 \cos\theta$
  CT 1차 측 전류 I_1 = 전류계 전류 × CT비
• 가동접속(정상접속)

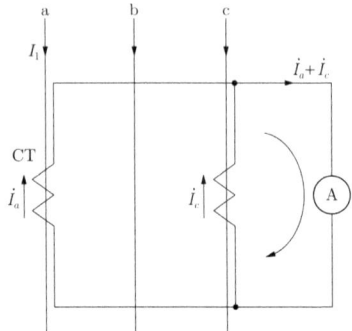 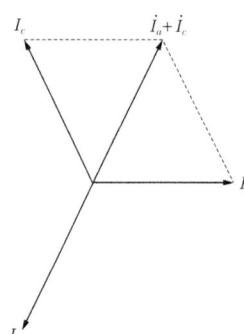

벡터도에서 $\dot{I}_a + \dot{I}_c = \dot{I}_b$(즉, 두 상의 전류의 합은 나머지 한 상의 전류가 된다.)
- 과전류 계전기(OCR) : 정정값 이상의 전류(단락전류)가 흐르면 동작하여 차단기 트립코일 여자
- 변류기 점검 시 : 2차 측 단락(2차 측 절연보호, 2차 측 과전압 보호)
- 정격부담 : 변류기 2차 측에 접속하는 외부 부하임피던스[VA]

05 ★★★★★

분전반에서 25[m]의 거리에 4[kW]의 교류 단상 2선식 200[V] 전열기를 설치하였다. 배선방법을 금속 관공사로 하고 전압 강하율 1[%] 이하로 하기 위해서 전선의 공칭단면적[mm²]을 선정하시오. 단, 전선의 공칭단면적은 1.5, 2.5, 4.0, 6.0, 10, 16, 25[mm²]이다.

- 계산 :
- 답 :

Answer

계산 : $I = \dfrac{4 \times 10^3}{200} = 20[\text{A}]$

전선의 굵기 $A = \dfrac{35.6 LI}{1{,}000 e} = \dfrac{35.6 \times 25 \times 20}{1{,}000 \times (200 \times 0.01)} = 8.9[\text{mm}^2]$

답 : 10[mm²]

Explanation

전압 강하 및 전선의 단면적 계산

전기 방식	전압 강하	전선 단면적	대상 전압강하
단상 3선식 직류 3선식 3상 4선식	IR	$e = \dfrac{17.8 LI}{1{,}000 A}$ $\quad$ $A = \dfrac{17.8 LI}{1{,}000 e}$	대지와 선간
단상 2선식 **직류 2선식**	$2IR$	$e = \dfrac{35.6 LI}{1{,}000 A}$ $\quad$ $A = \dfrac{35.6 LI}{1{,}000 e}$	선간
3상 3선식	$\sqrt{3} IR$	$e = \dfrac{30.8 LI}{1{,}000 A}$ $\quad$ $A = \dfrac{30.8 LI}{1{,}000 e}$	선간

여기서, e : 전압강하[V], A : 사용전선의 단면적[mm²], L : 선로의 길이[m]

06 ★★★★★

다음은 어느 생산 공장의 수전설비이다. 이것을 이용하여 다음 각 물음에 답하시오.

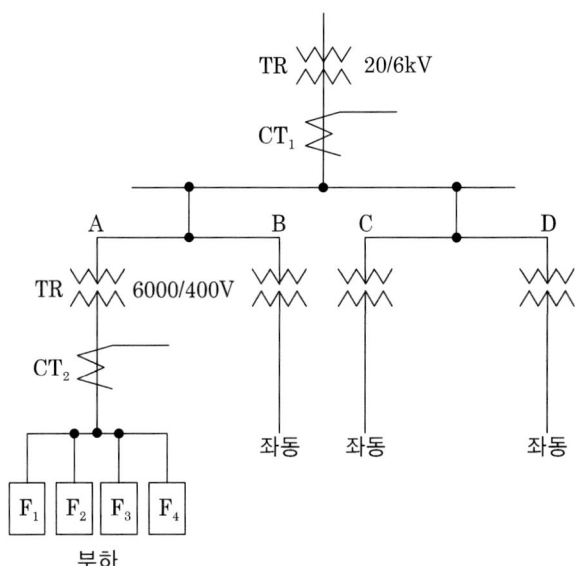

[뱅크 부하 용량표]

Feeder	부하설비용량[kW]	수용률[%]
1(F1)	125	80
2(F2)	125	80
3(F3)	500	70
4(F4)	600	84

[변류기 규격표]

항목	변류기
정격 1차 전류[A]	5, 10, 15, 20, 30, 40 50, 75, 100, 150, 200 300, 400, 500, 600, 700 1,000, 1,500, 2,000, 3,000
정격 2차 전류[A]	5

[3상 변압기 표준용량]

항목	변압기
용량[kVA]	500, 750, 1,000, 1,500, 2,000, 3,000, 5,000

(1) 상기 부하표와 같이 A, B, C, D 4개의 뱅크가 있으며, 주변압기와의 부등률이 1.3이다. 이때 주변압기 용량을 선정하시오. 단, 각 부하의 역률은 0.8이며, 변압기 용량은 표준규격으로 한다.
- 계산 :   • 답 :

(2) 변류기 CT_1과 CT_2의 변류비를 선정하시오. 단, 1차 수전전압은 20,000/6,000[V], 2차 수전전압은 6,000/400[V]이며, 변류기는 최대부하전류의 1.2배를 적용하고 표준규격으로 선정한다.
  ① CT_1의 변류비
  - 계산 :   • 답 :
  ② CT_2의 변류비
  - 계산 :   • 답 :

Answer

(1) 계산 : A뱅크의 최대 수요 전력
$$= \frac{125 \times 0.8 + 125 \times 0.8 + 500 \times 0.7 + 600 \times 0.84}{0.8} = 1,317.5 [kVA]$$
A, B, C, D 각 뱅크간의 부등률이 1.3이므로
$$STr = \frac{1,317.5 \times 4}{1.3} = 4,053.85 [kVA]$$
답 : 5,000[kVA]

(2) ① 계산 : CT_1
$$I_1 = \frac{4,053.85}{\sqrt{3} \times 6} \times 1.2 = 468.1[A] \quad \therefore \; 500/5 \; 선정$$
답 : 500/5

② 계산 : CT_2
$$I_1 = \frac{1,317.5}{\sqrt{3} \times 0.4} \times 1.2 = 2,281.98[A] \quad \therefore \; 3,000/5 \; 선정$$
답 : 3,000/5

Explanation

- 변압기 용량[kVA] = $\frac{설비용량 \times 수용률}{부등률 \times 역률}$ [kVA]
- 변류기의 변류비는 최대 부하 전류의 1.2배로 선정
  CT1의 변류비를 구할 때는 A, B, C, D 전체의 최대전력인 4,053.85[kVA]를 이용

07 바닥 면적 200[m²]의 교실에 전광속 2,500[lm]의 40[W] 형광등을 시설하여 평균조도를 150[lx]로 하려면 설치하여야 하는 전등 수는 몇 개인지 구하시오. 단, 조명률 50[%], 감광보상률 1.25로 한다.

• 계산 :   • 답 :

Answer

계산 : $N = \dfrac{ESD}{FU} = \dfrac{150 \times 200 \times 1.25}{2,500 \times 0.5} = 30$ 답 : 30[등]

Explanation

조명계산
$FUN = ESD$
여기서, F[lm] : 광속, U : 조명률, N : 등수
E[lx] : 조도, S[m²] : 면적, $D = \dfrac{1}{M}$: 감광보상율 $= \dfrac{1}{보수율}$

등수 $N = \dfrac{ESD}{FU}$ 이며 등수계산은 소수점은 무조건 절상한다.

08 비상용 조명 부하 110[V]용 100[W] 58등, 60[W] 50등이 있다. 방전 시간 30분 축전지 HS형 54cell, 허용 최저 전압 100[V], 최저 축전지 온도 5[℃]일 때 축전지 용량은 몇 [Ah]인지 계산하시오. 단, 경년 용량 저하율 0.8, 용량 환산 시간 $K = 1.2$이다.

• 계산 :   • 답 :

Answer

계산 : 부하전류 $I = \dfrac{P}{V} = \dfrac{100 \times 58 + 60 \times 50}{110} = 80$[A]

축전지 용량 : $C = \dfrac{1}{L}KI = \dfrac{1}{0.8} \times 1.2 \times 80 = 120$[Ah]   답 : 120[Ah]

Explanation

축전지 용량
$C = \dfrac{1}{L}KI$[Ah]
여기서, C : 축전지의 용량 [Ah]
L : 보수율(경년용량 저하율)
K : 용량환산 시간 계수
I : 방전 전류[A]

09 다음 주어진 전동기 정·역 운전회로의 주회로에 알맞은 제어회로를 주어진 설명과 같은 시퀀스도로 완성하시오.

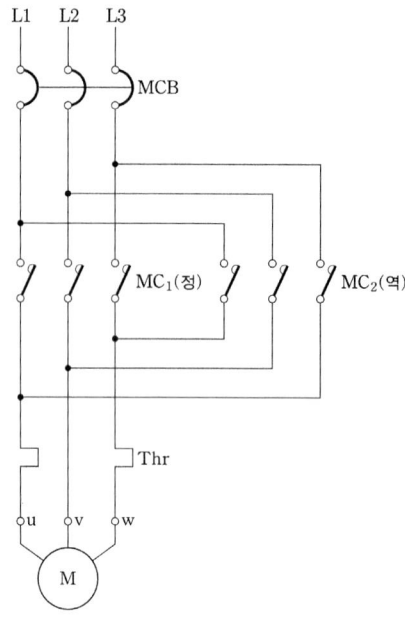

[제어회로 동작 설명]
1. 제어회로에 전원이 인가되면 GL 램프가 점등된다.
2. 푸시버튼(BS1)을 누르면 MC1이 여자되고 회로가 자기유지되며, RL1 램프가 점등된다.
3. MC1의 동작에 따라 전동기는 정회전을 하고 GL 램프는 소등된다.
4. 푸시버튼(BS3)을 누르면 전동기가 정지하고 GL 램프가 점등된다.
5. 푸시버튼(BS2)을 누르면 MC2가 여자되고 회로가 자기유지되며, RL2 램프가 점등된다.
6. MC2의 동작에 따라 전동기는 역회전을 하고 GL 램프는 소등된다.
7. 푸시버튼(BS3)을 누르면 전동기가 정지하고 GL 램프가 점등된다.
8. MC1, MC2는 동시 작동하지 않도록 MB b접점을 이용하여 상호 인터록 회로로 구성되어 있다.
9. 과전류가 흘러 열동형 계전기가 작동하면, 제어회로에 전원이 차단되고 OL 램프가 점등된다.

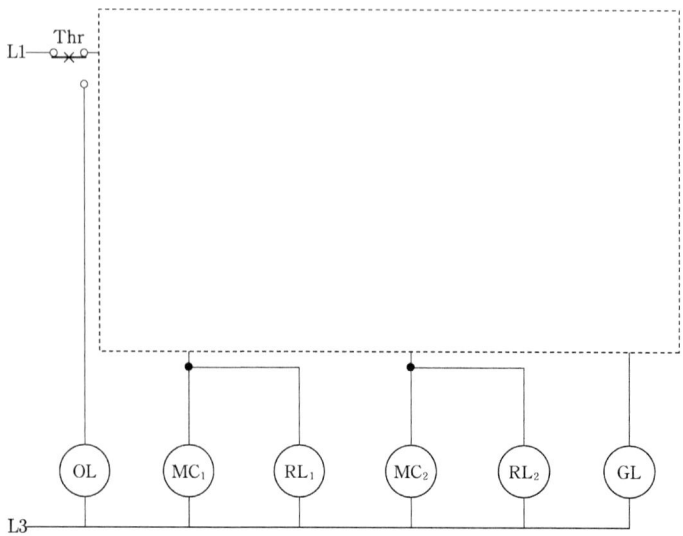

Answer

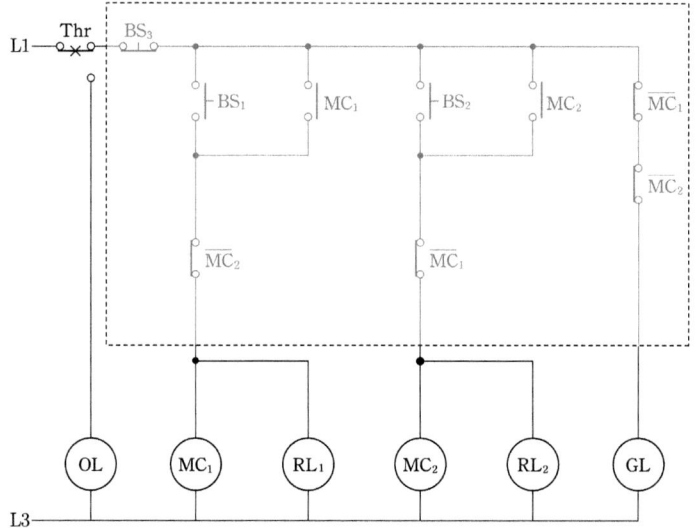

Explanation

- 정·역 운전회로의 구성
  - 자기 유지회로
  - 인터록 회로
- 정·역 운전 주회로 결선 : 전원의 3선 중 2선의 접속을 바꾼다.

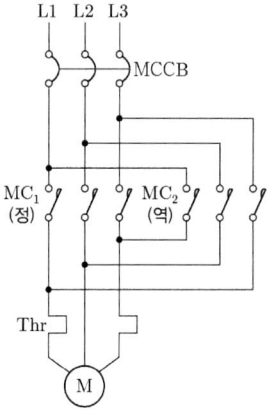

10 ★★★★★
다음과 같은 래더 다이어그램을 보고 PLC 프로그램을 완성하여 그리시오. (단, 타이머 설정 시간 t는 0.1초 단위)

명령어	번지
LOAD	P000
TMR	(①)
DATA	(②)
(③)	M000
AND	(④)
(⑤)	P010

Answer

① T000 ② 100 ③ LOAD
④ T000 ⑤ OUT

Explanation

- 타이머의 설정 시간이 0.1초 단위이므로 10초는 DATA에 100으로 입력

11 ★★★★★
어떤 공장의 전기설비로 역률 0.8, 용량 200[kVA]인 3상 평형 유도 부하가 사용되고 있다. 이 부하에 병렬로 전력용 콘덴서를 설치하여 합성 역률을 0.95로 개선하고자 할 경우 다음 각 물음에 답하시오.

(1) 전력용 콘덴서의 용량은 몇 [kVA]가 필요한지 구하시오.
  • 계산 : • 답 :
(2) 전력용 콘덴서에 직렬 리액터를 설치할 때 용량은 몇 [kVA]를 설치하여야 하는지 구하시오.
  • 계산 : • 답 :

Answer

(1) 전력용 콘덴서

$$Q_c = P\left(\frac{\sin\theta_1}{\cos\theta_1} - \frac{\sin\theta_2}{\cos\theta_2}\right) = 200 \times 0.8 \times \left(\frac{\sqrt{1-0.8^2}}{0.8} - \frac{\sqrt{1-0.95^2}}{0.95}\right) = 67.41[kVA]$$

답 : 67.41[kVA]

(2) 67.41×0.06=4.04[kVA] 답 : 4.04[kVA]

Explanation

- 역률 개선용 콘덴서의 용량(유효전력이 주어진 경우)

$$Q_c = P(\tan\theta_1 - \tan\theta_2) = P\left(\frac{\sqrt{1-\cos^2\theta_1}}{\cos\theta_1} - \frac{\sqrt{1-\cos^2\theta_2}}{\cos\theta_2}\right) \;[kVA]$$

- 역률 개선용 콘덴서의 용량(피상전력이 주어진 경우)
  - 역률 개선 전 무효전력 $Q_1 = P_a \sin\theta_1$[kVar]
  - 역률 개선 후 무효전력 $Q_2 = P_a \sin\theta_2$[kVar]
  - 콘덴서의 용량 $Q_c = Q_1 - Q_2$[kVA]
- 직렬 리액터 : 제5고조파의 제거

$$5\omega L = \frac{1}{5\omega C}$$

$$\omega L = \frac{1}{5^2 \omega C} = \frac{1}{\omega C} \times 0.06$$

직렬 리액터 용량의 계산 결과는 실제값으로 한다.

12 ★★★★★ 그림은 자가용 수변전 설비 주회로의 절연저항 측정 시험에 대한 배치도이다. 다음 각 질문에 답하시오.

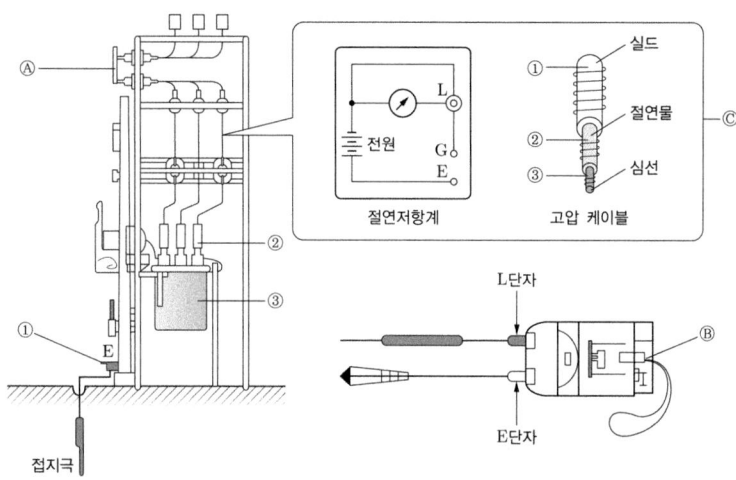

(1) 절연저항 측정에서 Ⓐ기기의 명칭을 쓰고 개폐 상태를 밝히시오.
(2) 기기 Ⓑ의 명칭은 무엇인가?
(3) 절연저항계의 L단자와 E단자의 접속은 어느 개소에 하여야 하는가?

Answer

(1) 단로기 : 개방 상태
(2) 절연저항계
(3) L단자 : 선로 측   E단자 : 접지극

Explanation

• 절연저항 측정 : 절연저항계(메거)
  L단자 : 선로 측, E단자 : 접지극

13 ★★★★★ 그림과 같은 계통에서 측로 단로기 T1을 통하여 부하에 공급하고 차단기 CB를 점검하기 위한 조작 순서를 적으시오. 단, 평상시에 T1은 열려 있는 상태이다.

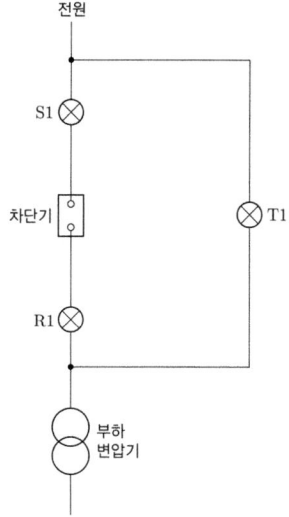

Answer

T1(ON) → 차단기(OFF) → R1(OFF) → S1(OFF)

Explanation

- CB 점검 시 : T1(ON) → 차단기(OFF) → R1(OFF) → S1(OFF)
- CB 투입 시 : R1(ON) → S1(ON) → 차단기(ON) → T1(OFF)
- 인터록(Interlock) : 차단기가 열려 있어야만 단로기 조작 가능
  - 급전 시 : DS → CB
  - 정전 시 : CB → DS
  - 단로기가 부하 측과 선로 측에 있는 경우 **항상 부하 측의 단로기 먼저 개로나 폐로한다.**

14 다음 그림 기호의 명칭을 써 넣어라.

(1)  (2)  (3) 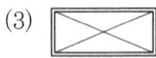 (4)  (5)

Answer

(1) 배전반
(2) 제어반
(3) 재해 방지 전원 회로용 배전반
(4) 재해 방지 전원 회로용 분전반
(5) 분전반

Explanation

배전반, 분전반, 제어반

명칭	그림 기호	적용
배전반 분전반 및 제어반		① 종류를 구별하는 경우는 다음과 같다. 배전반 분전반 제어반 ② 직류용은 그 뜻을 표기한다. ③ 재해 방지 전원 회로용 배전반 등인 경우는 2중 틀로 하고 필요에 따라 종별을 표기한다. [보기] 1종 2종

15 그림과 같이 단상 변압기 3대가 있다. 다음 각 질문에 답하여라.

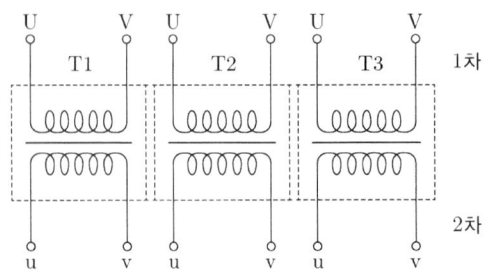

(1) 이 단상 변압기 3대를 △-△ 결선이 되도록 도면에 직접 그려라.
(2) △-△ 결선으로 운전하던 중 한 상의 변압기(T1)에 고장이 생겨 이것을 분리하고 나머지 2대로 3상 전력을 공급하고자 한다. 이때 사용되는 결선의 명칭은 무엇이며, △결선에 대한 이 결선의 출력비는 몇 [%]가 되는지 계산하고 결선도를 완성하여라.

① 결선의 명칭 :

② △결선과의 출력비
  • 계산과정 :   • 답 :

③ 결선도(T1 변압기 고장 시)

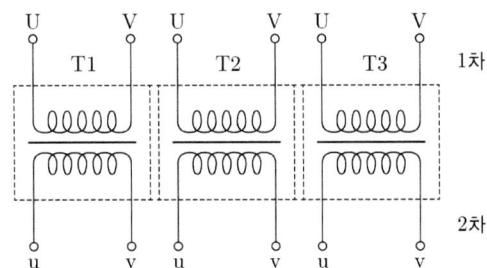

Answer

(1)

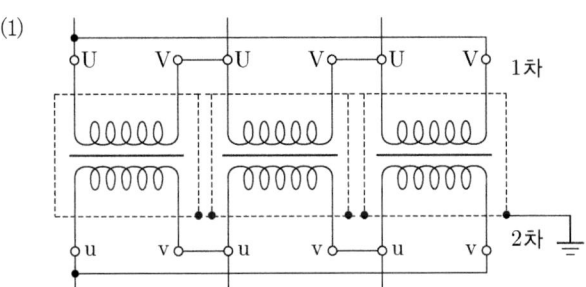

(2) ① 결선의 명칭 : V-V결선

② △결선과의 출력비

계산 과정 : 출력비 $= \dfrac{V결선출력}{3상출력} = \dfrac{\sqrt{3}\,VI}{3\,VI} = \dfrac{1}{\sqrt{3}} \times 100 = 57.74[\%]$ 답 : 57.74[%]

③ 결선도(T1 변압기 고장 시)

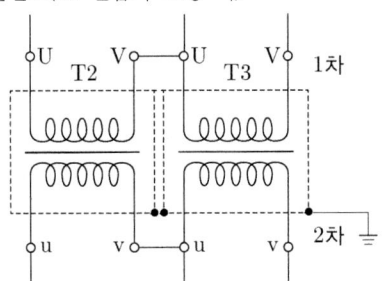

Explanation

△-△결선의 특징
- 1대 고장 시 V-V 결선으로 3상 전력 공급이 가능하다.
- 제3고조파 전류가 △결선 내를 순환하므로 정현파 교류전압을 유기하여 기전력의 파형이 왜곡되지 않는다.
- 중성점을 접지할 수 없으므로 이상전압에 의한 전압 상승이 크며 지락사고 검출이 곤란하다.
- 권수가 다른 변압기를 결선하면 순환전류가 흐른다.

- 각 상의 임피던스가 다를 경우 3상 부하가 평형이 되어도 변압기의 부하전류는 불평형이 된다.

V 결선 : 단상 변압기 2대로 3상 공급
- 출력 $P_V = \sqrt{3}\,K$ 여기서, K는 변압기 1대 용량
- 이용률 $= \dfrac{\sqrt{3}\,VI}{2VI} = \dfrac{\sqrt{3}}{2} \times 100 = 86.6[\%]$
- 출력 비 $= \dfrac{V결선출력}{3상 출력} = \dfrac{\sqrt{3}\,VI}{3VI} = \dfrac{1}{\sqrt{3}} \times 100 = 57.74[\%]$
※ 점선 부분은 변압기 외함으로서 반드시 접지해야 한다.

16 ★★★★★

어느 회사에서 한 부지에 A, B, C의 세 공장을 세워 3대의 급수펌프 P₁(소형), P₂(중형), P₃(대형)로 다음 조건에 따라 급수계획을 세웠다. 조건과 미완성 시퀀스 도면을 보고 다음 각 물음에 답하시오.

[조건]
- 공장 A, B, C가 모두 휴무일 때 또는 그 중 한 공장만 가동할 때에는 펌프 P₁만 가동시킨다.
- 공장 A, B, C 중 어느 것이나 두 개의 공장만 가동할 때에는 P₂만 가동시킨다.
- 공장 A, B, C 모두를 가동할 때에는 P₃만 가동시킨다.

[도면]

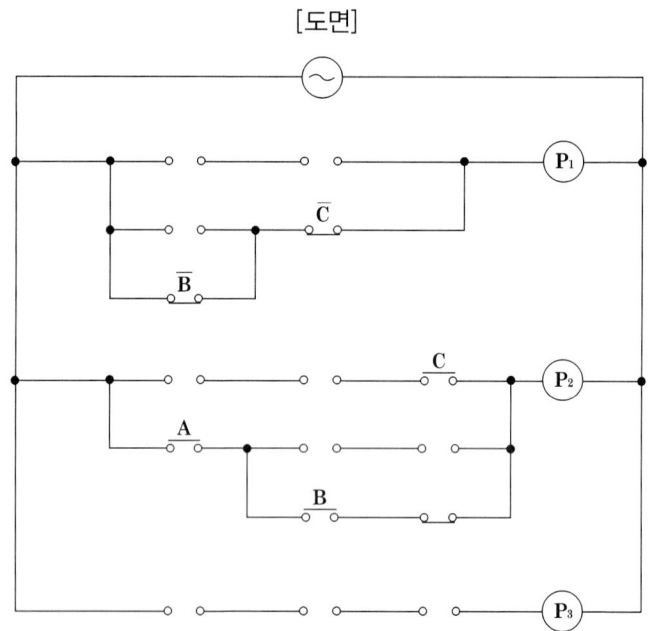

(1) 위의 조건에 대한 진리표를 작성하시오.

A	B	C	P₁	P₂	P₃
0	0	0			
1	0	0			
0	1	0			
0	0	1			
1	1	0			
1	0	1			
0	1	1			
1	1	1			

(2) 주어진 미완성 시퀀스 도면에 접점과 그 기호를 삽입하여 도면을 완성하시오.
(3) P_1, P_2, P_3의 출력식을 가장 간단한 식으로 표현하시오.
 • P_1 :
 • P_2 :
 • P_3 :

Answer

(1)

A	B	C	P_1	P_2	P_3
0	0	0	1	0	0
1	0	0	1	0	0
0	1	0	1	0	0
0	0	1	1	0	0
1	1	0	0	1	0
1	0	1	0	1	0
0	1	1	0	1	0
1	1	1	0	0	1

(2)

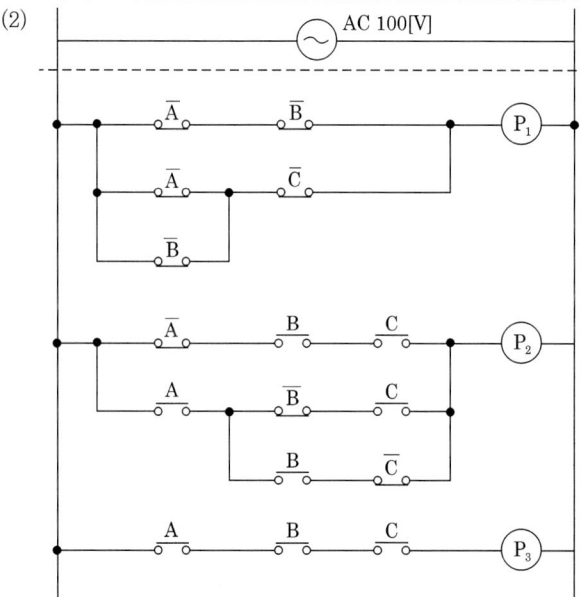

(3) $P_1 = \overline{A}\,\overline{B}\,\overline{C} + \overline{A}\,\overline{B}C + \overline{A}B\overline{C} + A\overline{B}\,\overline{C}$
$= \overline{A}\,\overline{B}\,\overline{C} + \overline{A}\,\overline{B}C + \overline{A}B\overline{C} + A\overline{B}\,\overline{C} + \overline{A}\,\overline{B}\,\overline{C} + \overline{A}\,\overline{B}\,\overline{C}$
$= \overline{A}\,\overline{B}(C+\overline{C}) + \overline{A}\,\overline{C}(B+\overline{B}) + \overline{B}\,\overline{C}(A+\overline{A})$
$= \overline{A}\,\overline{B} + (\overline{A}+\overline{B})\overline{C}$

$P_2 = \overline{A}BC + AB\overline{C} + A\overline{B}\,\overline{C} = \overline{A}BC + A(\overline{B}C + B\overline{C})$

$P_3 = ABC$

Explanation

• 논리회로를 이용하여 회로 구성 시 : 최소접점
• $P_1 = \overline{A}\,\overline{B}\,\overline{C} + \overline{A}\,\overline{B}C + \overline{A}B\overline{C} + A\overline{B}\,\overline{C}$
$= \overline{A}\,\overline{B}\,\overline{C} + \overline{A}\,\overline{B}C + \overline{A}B\overline{C} + A\overline{B}\,\overline{C} + \overline{A}\,\overline{B}\,\overline{C} + \overline{A}\,\overline{B}\,\overline{C}$ $A+A+A+\cdots = A$ 이용
$= \overline{A}\,\overline{B}(C+\overline{C}) + \overline{A}\,\overline{C}(B+\overline{B}) + \overline{B}\,\overline{C}(A+\overline{A})$ $A+\overline{A}=1$ 이용
$= \overline{A}\,\overline{B} + (\overline{A}+\overline{B})\overline{C}$

17 지표면상 5[m] 높이에 수조가 있다. 이 수조에 초당 1[m³]의 물을 양수하는데, 펌프 효율이 70[%]이고 펌프 축동력에 20[%]의 여유를 줄 경우 펌프용 전동기의 용량[kW]을 구하시오. 단, 펌프용 3상 농형 유도전동기의 역률을 100[%]로 한다.

• 계산 :   • 답 :

Answer

계산 : $P = \dfrac{9.8\,QHK}{\eta} = \dfrac{9.8 \times 1 \times 5 \times 1.2}{0.7} = 84[\text{kW}]$ 답 : 84[kW]

Explanation

양수펌프용 전동기 출력 $P = \dfrac{9.8\,QHK}{\eta}$ [kW]

여기서, Q : 유량(양수량)[m³/s], H : 양정[m], K : 여유계수

18 연축전지의 정격용량이 200[Ah]이고, 상시부하가 22[kW]이며, 표준전압이 220[V]인 부동충전방식 충전기의 2차 전류는 몇 [A]인가? 단, 연축전지의 정격방전율은 10[Ah]이며 상시부하의 역률은 100[%]로 한다.

• 계산 :   • 답 :

Answer

계산 : 충전기 2차 전류 $I_2 = \dfrac{200}{10} + \dfrac{22 \times 10^3}{220} = 120[\text{A}]$ 답 : 120[A]

Explanation

• 부동충전 : 축전지의 자기 방전을 보충하는 동시에 상용 부하에 대한 전력공급은 충전기가 부담하고 충전기가 부담하기 어려운 일시적인 대부하 전류는 축전지가 부담하도록 하는 방식

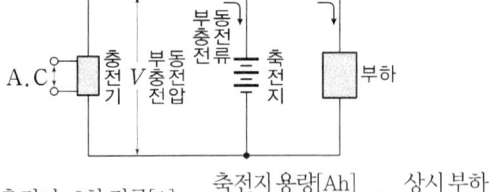

충전기 2차 전류[A] = $\dfrac{\text{축전지 용량[Ah]}}{\text{정격 방전율[h]}} + \dfrac{\text{상시 부하 용량[VA]}}{\text{표준전압[V]}}$

19 200[V], 10[kVA]인 3상 유도전동기를 부하설비로 사용하는 공장이 있다. 이곳의 어느 날 부하 실적이 1일 사용 전력량이 60[kWh], 1일 최대 전력이 8[kW], 최대 전류일 때의 전류값이 30[A]이었을 경우, 다음 각 질문에 답하여라.

(1) 1일 부하율은 몇 [%]인가?
  • 계산 :   • 답 :
(2) 최대 공급 전력일 때의 역률은 얼마인가?
  • 계산 :   • 답 :

Answer

(1) 계산 : 부하율 = $\dfrac{\text{평균 수용 전력}}{\text{최대 수용 전력}} \times 100[\%] = \dfrac{60/24}{8} \times 100 = 31.25[\%]$ 답 : 31.25[%]

(2) 계산 : $\cos\theta = \dfrac{P}{P_a} \times 100 = \dfrac{P}{\sqrt{3}\,VI} \times 100 = \dfrac{8 \times 10^3}{\sqrt{3} \times 200 \times 30} \times 100 = 76.98[\%]$ 　　　답 : 76.98[%]

Explanation

• 부하율 = $\dfrac{\text{평균 수용 전력[kW]}}{\text{합성 최대 수용 전력[kW]}} \times 100[\%] = \dfrac{\text{사용전력량[kWh]/사용시간[h]}}{\text{합성 최대 수용 전력[kW]}} \times 100[\%]$

• 역률 $\cos\theta = \dfrac{P}{\sqrt{3}\,VI} \times 100[\%]$

20 ★★★★★
정격용량 500[kVA]의 변압기에서 배전선의 전력 손실을 40[kW]로 유지하면서 부하 L_1, L_2에 전력을 공급하고 있다. 지금 그림과 같이 전력용 콘덴서를 기존 부하와 병렬로 연결하여 합성 역률을 90[%]로 개선하려고 할 때 다음 각 질문에 답하여라. 단, 여기서 부하 L_1은 역률 60[%], 180[kW]이고, 부하 L_2의 전력은 120[kW], 160[kVar]이다.

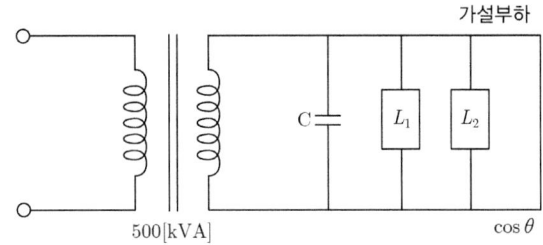

(1) 부하 L_1과 L_2의 합성용량[kVA]을 구하여라.
　• 계산 : 　　　　　　　　　　　　　　• 답 :
(2) 부하 L_1과 L_2의 합성역률을 구하여라.
　• 계산 : 　　　　　　　　　　　　　　• 답 :
(3) 합성역률을 90[%]로 개선하는 데 필요한 콘덴서 용량(Q_C)[kVA]을 구하여라.
　• 계산 : 　　　　　　　　　　　　　　• 답 :

Answer

(1) 계산 : 유효전력 $P = P_1 + P_2 = 180 + 120 = 300[\text{kW}]$

　　　　무효전력 $Q = Q_1 + Q_2 = P_1\tan\theta_1 + P_2\tan\theta_2 = 180 \times \dfrac{0.8}{0.6} + 160 = 400\,[\text{kVar}]$

　　　　합성용량 $P_a = \sqrt{P^2 + Q^2} = \sqrt{300^2 + 400^2} = 500\,[\text{kVA}]$ 　　　답 : 500[kVA]

(2) 계산 : 합성역률 $\cos\theta = \dfrac{P}{P_a} \times 100 = \dfrac{300}{500} \times 100 = 60\,[\%]$ 　　　답 : 60[%]

(3) 계산 : 역률 개선용 콘덴서 용량

　　　　$Q_c = P(\tan\theta_1 - \tan\theta_2) = 300 \times \left(\dfrac{0.8}{0.6} - \dfrac{\sqrt{1-0.9^2}}{0.9}\right) = 254.7[\text{kVA}]$ 　　　답 : 254.7[kVA]

Explanation

불평형 부하 계산
1대의 주상 변압기에 역률(뒤짐) $\cos\theta_1$, 유효전력 P_1 [kW]의 부하와 역률(뒤짐) $\cos\theta_2$, 유효전력 P_2 [kW]의 부하가 병렬로 접속되어 있을 경우
• 유효전력 : $P = P_1 + P_2[\text{kW}]$
• 무효전력 : $Q = P_1\tan\theta_1 + P_2\tan\theta_2[\text{kVar}]$
• 피상전력 : $P_a = \sqrt{P^2 + Q^2} = \sqrt{(P_1+P_2)^2 + (P_1\tan\theta_1 + P_2\tan\theta_2)^2}\,[\text{kVA}]$

- 역률 : $\cos\theta = \dfrac{P}{P_a} = \dfrac{P_1+P_2}{\sqrt{(P_1+P_2)^2+(P_1\tan\theta_1+P_2\tan\theta_2)^2}} \times 100[\%]$

21 ★★★★★
표와 같은 수용가 A, B, C, D에 공급하는 배전선로의 최대 전력이 700[kW]라고 할 때 다음 각 질문에 답하시오.

수용가	설비 용량[kW]	수용률[%]
A	300	70
B	300	50
C	400	60
D	500	80

(1) 수용가의 부등률은 얼마인가?
 • 계산 :   • 답 :
(2) 부등률이 크다는 것은 어떤 것을 의미하는가?
(3) 수용률의 의미를 간단히 설명하시오.

Answer

(1) 부등률 $= \dfrac{300 \times 0.7 + 300 \times 0.5 + 400 \times 0.6 + 500 \times 0.8}{700} = 1.43$

(2) 최대 전력을 소비하는 기기의 사용 시간대가 서로 다르다.
(3) 부하 설비 용량에 대한 최대 수용전력의 비를 백분율로 나타낸 것
  수용률 $= \dfrac{\text{최대 수용 전력}}{\text{부하 설비 용량}} \times 100[\%]$

Explanation

- 부등률 $= \dfrac{\text{개개 최대 수용 전력의 합계}}{\text{합성 최대 수용 전력}} \geq 1$
- 개개 최대 수용 전력의 합계 $=$ 설비용량 $\times$ 수용률
- 수용률 $= \dfrac{\text{최대 수용 전력}}{\text{부하 설비 용량}} \times 100[\%]$

22 ★★★★★
다음과 같은 교류 100[V] 단상 2선식 분기회로에서 전선의 부하중심까지의 거리[m]를 구하시오.

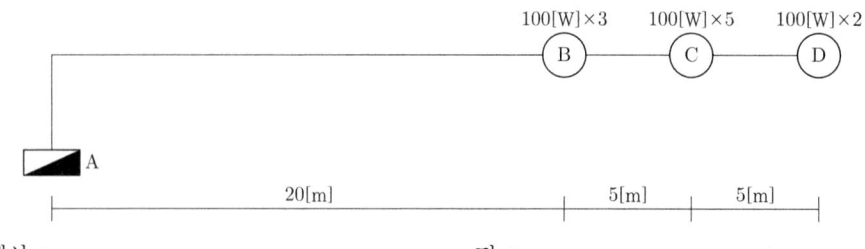

• 계산 :   • 답 :

Answer

계산 : 부하 중심점까지의 거리

$I = \sum i = \dfrac{100 \times 3}{100} + \dfrac{100 \times 5}{100} + \dfrac{100 \times 2}{100} = 10[A]$

$$L = \frac{\sum l \times i}{\sum i} = \frac{20 \times \frac{100 \times 3}{100} + 25 \times \frac{100 \times 5}{100} + 30 \times \frac{100 \times 2}{100}}{10} = 24.5[\text{m}]$$

답 : 24.5[m]

Explanation

- 부하 중심점의 거리 $L = \dfrac{\sum l \times i}{\sum i} = \dfrac{I_1 l_1 + I_2 l_2 + I_3 l_3}{I_1 + I_2 + I_3}[\text{m}]$

- KS C-IEC 전선 규격

전선의 공칭단면적 [mm²]			
1.5	16	95	300
2.5	25	120	400
4	35	150	500
6	50	185	630
10	70	240	

23 ★★★★★
부하율을 식으로 표현하고 부하율이 높다는 의미에 대해 설명하시오.

- 부하율 :
- 의미 :

Answer

- 부하율 $= \dfrac{\text{평균 전력}}{\text{최대 전력}} \times 100[\%]$

- 부하율이 높다의 의미
  - 공급 설비를 유용하게 사용한다.
  - 첨두부하 설비가 감소된다.

Explanation

- 부하율 부하의 변동 상태를 나타내는 계수로서 평균 전력과 최대 전력과의 비
- 부하율 $= \dfrac{\text{평균 전력}}{\text{최대 전력}} \times 100[\%] = \dfrac{\text{사용전력량/시간}}{\text{최대 전력}} \times 100[\%]$
- "부하율이 높다"의 의미는 다음과 같다.
  - 공급 설비를 유용하게 사용하고 있다.
  - 첨두부하 설비가 감소된다.

24 ★★★★★
변류비 30/5[A]인 CT 2개를 그림과 같이 접속하였을 때 전류계에 2[A]가 흐른다고 하면, CT 1차 측에 흐르는 전류는 몇 [A]인지 구하시오.

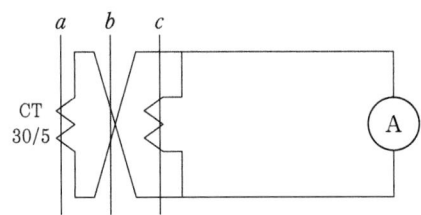

- 계산 :
- 답 :

Answer

계산 : CT 1차측 전류 = 전류계 지시치 $\times \dfrac{1}{\sqrt{3}} \times$ 변류비

$$= 2 \times \dfrac{1}{\sqrt{3}} \times \dfrac{30}{5} = 6.93 [A]$$

답 : 6.93[A]

Explanation

• 변류기 차동접속

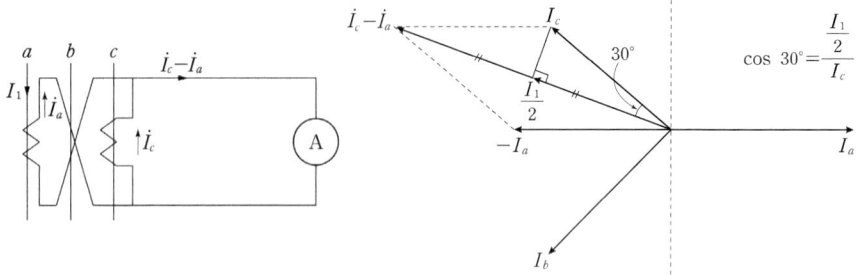

$I = I_C - I_A$

• 1차측 전류 I_1 = 전류계 전류 × CT비 × $\dfrac{1}{\sqrt{3}}$

25. ★★★★★ 지상 7[m]에 있는 300[m³]의 저수조에 양수할 때 30[kW]의 전동기를 사용할 경우 저수조에 물을 가득 채우는 데 소요되는 시간(분)을 구하시오. 단, 펌프의 효율은 80[%], $K = 1.2$ 이다.

• 계산 :   • 답 :

Answer

계산 : 펌프용 전동기 용량 $P = \dfrac{9.8 QHK}{\eta}$

$$30 [kW] = \dfrac{9.8 \times \dfrac{300}{60t} \times 7 \times 1.2}{0.8}$$

$$t = \dfrac{9.8 \times 300 \times 7 \times 1.2}{60 \times 0.8 \times 30} = 17.15 [분]$$

답 : 17.15[분]

Explanation

• 양수펌프용 전동기 출력 $P = \dfrac{9.8 QHK}{\eta}$ [kW]

　여기서, Q : 유량(양수량)[m³/s]
　　　　　H : 양정 [m]
　　　　　K : 여유계수

26. ★★★★★ 예비전원설비에 이용되는 연축전지와 알칼리축전지에 대하여 다음 각 물음에 답하시오.

(1) 연축전지와 비교할 때 알칼리축전지의 장점과 단점을 1가지씩만 쓰시오.
　• 장점 :   • 단점 :
(2) 연축전지와 알칼리축전지의 공칭전압은 각각 몇 [V]인지 쓰시오.
　• 연축전지 :   • 알칼리축전지 :

(3) 축전지의 일반적인 충전방식 중 부동충전방식에 대하여 설명하시오.
(4) 연축전지의 정격용량이 200[Ah]이고, 상시부하가 15[kW]이며, 표준전압이 100[V]인 부동충전방식 충전기의 2차 전류는 몇 [A]인지 구하시오. 단, 상시부하의 역률은 1로 간주한다.
- 계산 :   • 답 :

Answer

(1) 장점 : 수명이 길다.
    단점 : 셀 당 전압 납축전지에 비해 낮다.
(2) 연축전지 : 2.0[V/cell]
    알칼리축전지 : 1.2[V/cell]
(3) 부동 충전 방식 : 축전지의 자기 방전을 보충함과 동시에 상용부하에 대한 전력공급은 충전기가 부담하도록 하되 충전기가 부담하기 어려운 일시적인 대전류 부하는 축전지로 하여금 부담하도록 되는 방식
(4) 계산 : 2차 충전 전류 $I_2 = \dfrac{200}{10} + \dfrac{15 \times 10^3}{100} = 170[A]$ 답 : 170[A]

Explanation

• 부동충전 : 축전지의 자기 방전을 보충하는 동시에 상용 부하에 대한 전력공급은 충전기가 부담하고 충전기가 부담하기 어려운 일시적인 대부하 전류는 축전지가 부담하도록 하는 방식

27 ★★★★★ 어떤 백화점에서 고압을 수전하여 저압으로 강압하여 옥내 배전을 하는 경우, 총 설비부하 용량이 350[kW]이고 수용률을 60[%]로 상정한다면 변압기의 용량은 몇 [kVA]인지 구하시오(단, 설비부하의 종합 역률은 0.7로 본다).
- 계산 :   • 답 :

Answer

계산 : 변압기 용량[kVA] $= \dfrac{350 \times 0.6}{0.7} = 300[kVA]$ 답 : 300[kVA]

Explanation

변압기 용량 $= \dfrac{설비\ 용량 \times 수용률}{부등률 \times 역률}$ [kVA]

28 ★★★★★ 무게 2.5[t]의 물체를 매분 25[m]의 속도로 권상하는 권상용 전동기의 출력은 몇 [kW]로 하면 되는지 계산하여라. 단, 권상기 효율은 80[%]로 하고 여유계수는 1.1로 한다.
- 계산 :   • 답 :

Answer

계산 : $P = \dfrac{KWV}{6.12\eta} = \dfrac{1.1 \times 2.5 \times 25}{6.12 \times 0.8} = 14.04[kW]$ 답 : 14.04[kW]

Explanation

권상기 소요동력 $P = \dfrac{KWV}{6.12\eta}$ [kW]

여기서, K : 여유계수, W : 권상하중[ton],
V : 권상속도[m/min], η : 권상기 효율[%]

29 다음과 같이 80[kW], 70[kW], 50[kW] 부하 설비에 수용률이 각각 60[%], 70[%], 80[%]로 할 경우 변압기 용량은 몇 [kVA]가 필요한지 선정하시오. 단, 부등률 1.1, 종합 부하 역률은 90[%]이다.

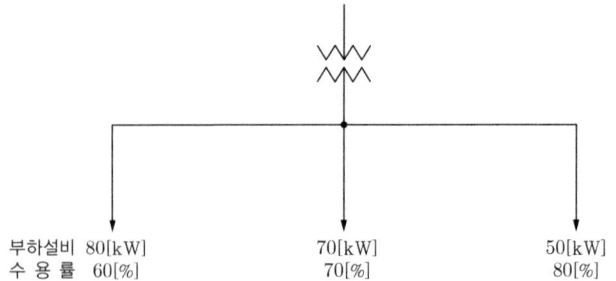

부하설비 80[kW] 70[kW] 50[kW]
수 용 률 60[%]   70[%]   80[%]

변압기 표준 용량[kVA]

50	75	100	150	200	300

• 계산 :　　　　　　　　　　　• 답 :

Answer

계산 : 변압기 용량[kVA] $\geq \dfrac{\text{설비용량[kW]} \times \text{수용률}}{\text{부등률} \times \text{역률}}$

$= \dfrac{80 \times 0.6 + 70 \times 0.7 + 50 \times 0.8}{1.1 \times 0.9} = 138.38 [\text{kVA}]$

답 : 표에서 150[kVA] 선정

Explanation

• 변압기 용량[kVA] $\geq \dfrac{\text{설비용량[kW]} \times \text{수용률}}{\text{부등률} \times \text{역률}}$

---

30 어떤 공장의 어느 날 부하실적이 1일 사용전력량 100[kWh]이며, 1일의 최대 전력이 7[kW]이고, 최대 전력일 때 전류 값이 20[A]이었을 경우 다음 각 물음에 답하시오. (단, 이 공장은 220[V], 11[kVA]인 3상 유도전동기를 부하 설비로 사용한다고 한다.)

(1) 일 부하율은 몇 [%]인지 구하시오.
　• 계산 :　　　　　　　　　　　• 답 :
(2) 최대 전력일 때의 역률은 몇 [%]인지 구하시오.
　• 계산 :　　　　　　　　　　　• 답 :

Answer

(1) 계산 : 일 부하율 $= \dfrac{100/24}{7} \times 100 = 59.52 [\%]$　　답 : 59.52[%]

(2) 계산 : $\cos\theta = \dfrac{P}{\sqrt{3}\,VI} \times 100 = \dfrac{7 \times 10^3}{\sqrt{3} \times 220 \times 20} \times 100 = 91.85 [\%]$　　답 : 91.85[%]

Explanation

• 부하율 $= \dfrac{\text{평균 수용 전력[kW]}}{\text{합성 최대 수용 전력[kW]}} \times 100[\%] = \dfrac{\text{사용전력량[kWh]/사용시간[h]}}{\text{합성 최대 수용 전력[kW]}} \times 100[\%]$

• 역률 $\cos\theta = \dfrac{P}{\sqrt{3}\,VI} \times 100[\%]$

31 ★★★★★ 500[kVA]의 변압기가 그림과 같은 부하로 운전되고 있다. 오전에는 역률을 85[%]로, 오후에는 100[%]로 운전된다고 할 때 전일효율[%]을 구하시오. 단, 이 변압기의 철손은 6[kW], 전부하의 동손은 10[kW]라고 한다.

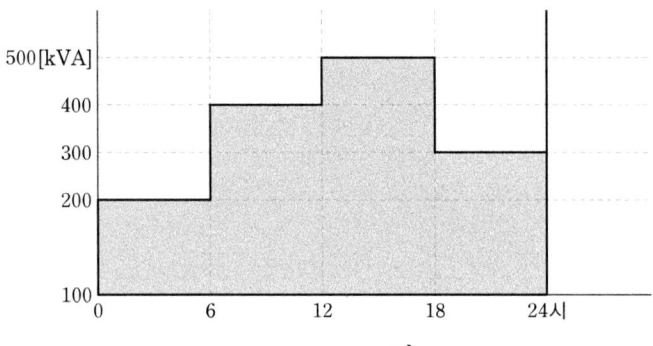

• 계산 :   • 답 :

Answer

계산
- 출력량 $P = [(200 \times 6 \times 0.85) + (400 \times 6 \times 0.85) + (500 \times 6 \times 1) + (300 \times 6 \times 1)] = 7,860$ [kWh]
- 동손량 : $P_c = 10 \times \left\{ \left(\frac{200}{500}\right)^2 \times 6 + \left(\frac{400}{500}\right)^2 \times 6 + \left(\frac{500}{500}\right)^2 \times 6 + \left(\frac{300}{500}\right)^2 \times 6 \right\} = 129.6$ [kWh]
- 철손량 : $P_i = 24 \times 6 = 144$ [kW]
- 전일효율 : $\eta = \dfrac{7,860}{7,860 + 129.6 + 144} \times 100 = 96.64$ [%]   답 : 96.64[%]

Explanation

• 전부하 시 효율

$$\eta = \frac{\text{출력}}{\text{출력} + \text{손실}} \times 100 = \frac{P_n \cos\theta}{P_n \cos\theta + P_i + P_c} \times 100 [\%]$$

여기서, P_n : 변압기 용량[kVA]
P_i : 철손[W]
P_c : 동손[W]

• $\dfrac{1}{m}$ 부하 시 효율

$$\eta_{\frac{1}{m}} = \frac{\dfrac{1}{m} P_n \cos\theta}{\dfrac{1}{m} P_n \cos\theta + P_i + \left(\dfrac{1}{m}\right)^2 P_c} \times 100 [\%]$$

• 문제에서는
 - 0시~6시 : $\dfrac{2}{5}$ 부하
 - 6시~12시 : $\dfrac{4}{5}$ 부하
 - 12시~18시 : $\dfrac{5}{5}$ 부하
 - 18시~24시 : $\dfrac{3}{5}$ 부하

32 다음과 같은 단상 3선식 100/200[V] 수전의 경우 설비 불평형률을 구하고 그림과 같은 설비가 양호하게 되었는지의 여부를 판단하시오. 단, ⓗ는 전열기 부하이고, ⓜ은 전동기 부하임

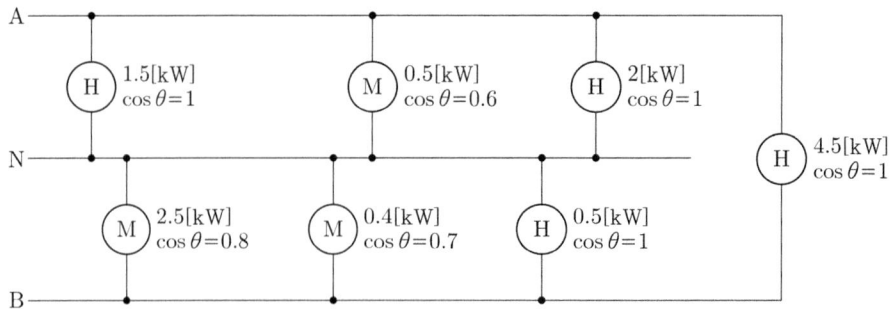

• 계산 :   • 답 :

Answer

계산 : $P_{AN} = 1.5 + \dfrac{0.5}{0.6} + 2 = 4.33 [kVA]$

$P_{BN} = \dfrac{2.5}{0.8} + \dfrac{0.4}{0.7} + 0.5 = 4.2 [kVA]$

$P_{AB} = 4.5 [kVA]$

∴ 불평형률 $= \dfrac{4.33 - 4.2}{(4.33 + 4.2 + 4.5) \times \dfrac{1}{2}} \times 100 = 2 [\%]$

따라서 40[%] 이하이므로 양호한 설비이다.   답 : 2[%], 양호하다.

Explanation

(내선규정 1,410-1) 설비 부하평형의 시설
저압 수전 단상 3선식에서 설비 불평형률

설비불평형률 $= \dfrac{중성선과 \ 각 \ 전압측 \ 전선간에 \ 접속되는 \ 부하설비용량 [kVA]의 \ 차}{총 \ 부하설비용량 [kVA]의 \ 1/2} \times 100 [\%]$

여기서, 불평형은 40[%] 이하이어야 한다.
• 설비 불평형률을 구할 때 부하의 단위는 [kVA]가 되어야 한다.

33 단상 변압기의 병렬 운전 조건 4가지를 쓰고, 이들 각각에 대하여 조건이 맞지 않을 경우에 어떤 현상이 나타나는지 적으시오.

① • 조건 :
   • 현상 :
② • 조건 :
   • 현상 :
③ • 조건 :
   • 현상 :
④ • 조건 :
   • 현상 :

Answer

① • 조건 : 극성이 일치할 것
   • 현상 : 큰 순환 전류가 흘러 권선이 소손
② • 조건 : 정격 전압(권수비)이 같을 것
   • 현상 : 순환 전류가 흘러 권선이 가열
③ • 조건 : %임피던스 강하(임피던스 전압)가 같을 것
   • 현상 : 부하의 분담이 용량의 비가 되지 않아 부하의 분담이 균형을 이룰 수 없다.
④ • 조건 : 내부 저항과 누설 리액턴스의 비가 같을 것
   • 현상 : 각 변압기의 전류 간에 위상차가 생겨 동손이 증가

Explanation

변압기의 병렬 운전 조건

병렬 운전 조건	맞지 않는 경우
극성이 같을 것	큰 순환 전류가 흘러 권선이 소손
권수비 및 1, 2차 정격 전압이 같을 것	순환 전류가 흘러 권선이 가열
%강하가 같을 것	부하의 분담이 용량의 비가 되지 않아 부하의 분담이 균형을 이룰 수 없다.
변압기 내부저항과 리액턴스의 비가 같을 것	각 변압기의 전류 간에 위상차가 생겨 동손이 증가
상회전 방향과 각 변위가 같을 것(3상 변압기)	

CHAPTER 02 엄선된 필수 기출문제 38선

4회 이상 출제

01 ★★★★☆
무접점 회로도를 정확히 이해하고 다음 물음에 답하시오.

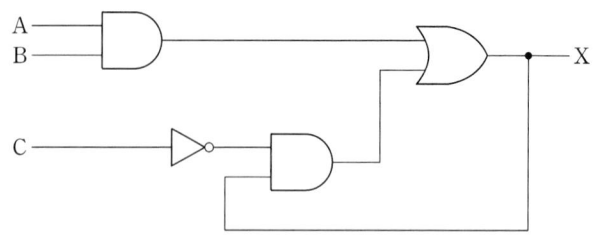

(1) 무접점 회로도를 이용하여 타임 차트를 완성하시오.

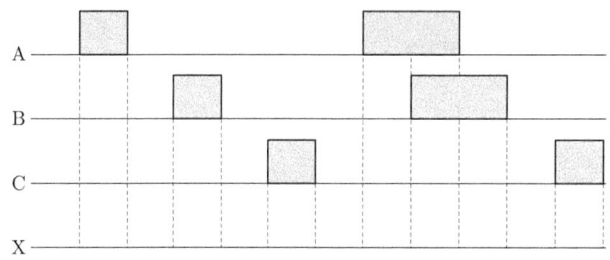

(2) 무접점 회로도를 이용하여 논리식을 쓰고 유접점 회로도를 그리시오.
  • 논리식 :   • 유접점 회로도 :

Answer

(1)
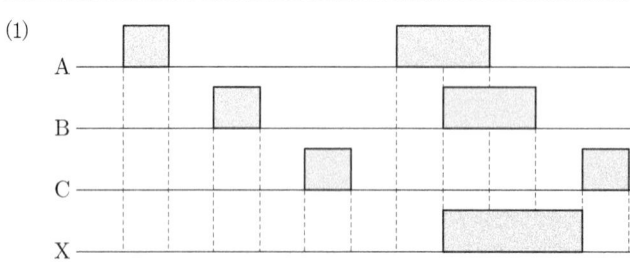

(2) $X = AB + \overline{C}X$

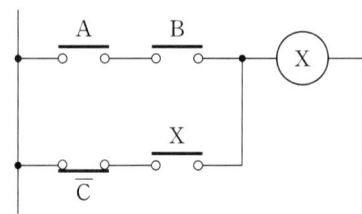

> **Explanation**

- 무접점 회로에서 유접점 회로로 전환하면
  - OR : 병렬
  - AND : 직렬
  - NOT : b접점

02 ★★★★☆
서지 흡수기(Surge Absorber)의 주요 기능과 설치 위치에 대하여 쓰시오.

- 주요 기능 :   • 설치 위치 :

> **Answer**

- 주요 기능 : 구내선로에서 발생할 수 있는 개폐서지, 순간과도전압 등으로 2차기기에 악영향을 주는 것을 방지
- 설치 위치 : 보호하려는 기기전단으로 개폐서지를 발생하는 차단기 후단과 부하측 사이에 설치

> **Explanation**

내선규정 제3,360조 서지흡수기
- 구내선로에서 발생할 수 있는 개폐서지, 순간과도전압 등으로 2차기기에 악영향을 주는 것을 막기 위해 서지흡수기를 설치하는 것이 바람직하다.
- 설치위치 : 서지흡수기는 보호하려는 기기전단으로 개폐서지를 발생하는 차단기 후단과 부하측 사이에 설치 운용한다.

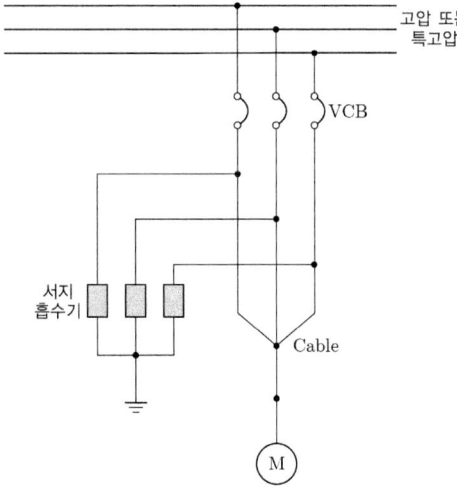

03 ★★★★☆
피뢰기는 이상전압이 기기에 침입했을 때 그 파고값을 저감시키기 위하여 뇌전류를 대지로 방전시켜 절연파괴를 방지하며, 방전에 의하여 생기는 속류를 차단하여 원래의 상태로 회복시키는 장치이다. 다음 각 물음에 답하시오.

(1) 갭(gap)형 피뢰기의 구성요소를 쓰시오.
(2) 피뢰기의 구비조건을 4가지만 쓰시오.
   ①
   ②
   ③
   ④

(3) 피뢰기의 제한전압이란 무엇인지 쓰시오.
(4) 피뢰기의 정격전압이란 무엇인지 쓰시오.
(5) 충격 방전 개시전압이란 무엇인지 쓰시오.

Answer

(1) 직렬 갭과 특성요소
(2) ① 충격 방전 개시전압이 낮을 것
    ② 상용주파 방전 개시전압이 높을 것
    ③ 방전내량이 크면서 제한전압이 낮을 것
    ④ 속류 차단 능력이 충분할 것
(3) 피뢰기 동작 중의 단자전압의 파고값
(4) 속류를 차단할 수 있는 교류의 최고전압
(5) 피뢰기 단자 간에 충격전압을 인가하였을 경우 방전을 개시하는 전압

Explanation

피뢰기의 구조

- 직렬 갭 : 이상전압 내습 시 뇌전압을 방전하고 그 속류를 차단
         상시에는 누설전류 방지
- 특성요소 : 속류를 차단

피뢰기의 구비 조건
- 상용주파 방전 개시 전압이 높을 것
- 충격 방전 개시 전압이 낮을 것
- 제한 전압이 낮을 것
- 속류 차단 능력이 우수할 것
- 내구성이 우수할 것

피뢰기의 정격전압
속류가 차단(제거)이 되는 교류의 최고 전압

전력 계통		피뢰기 정격 전압[kV]	
공칭전압[kV]	중성점 접지 방식	변전소	배전 선로
345	유효접지	288	–
154	유효접지	144	–
66	PC접지 또는 비접지	72	–
22	PC접지 또는 비접지	24	–
22.9	3상 4선 다중접지	21	18

【주】전압 22.9[kV-Y] 이하의 배전선로에서 수전하는 설비의 피뢰기 정격전압[kV]은 배전선로용을 적용한다.

피뢰기의 제한전압
- 피뢰기 동작 중 단자 전압의 파고치
- 충격파 전류가 흐르고 있을 때의 피뢰기 단자전압

04 어떤 변전소의 공급 구역 내의 총 부하용량은 전등 600[kW], 동력 800[kW]이다. 각 수용가의 수용률은 전등 60[%], 동력 80[%]이고, 각 수용가간의 부등률은 전등 1.2, 동력 1.6이며, 또한 변전소에서 전등부하와 동력부하간의 부등률을 1.4라 하고, 배전선(주상변압기 포함)의 전력손실을 전등부하, 동력부하의 각 10[%]라 할 때 다음 각 물음에 답하시오.

(1) 전등의 종합 최대수용전력은 몇 [kW]인지 구하시오.
- 계산 :   • 답 :

(2) 동력의 종합 최대수용전력은 몇 [kW]인지 구하시오.
- 계산 :   • 답 :

(3) 변전소에 공급하는 최대전력은 몇 [kW]인지 구하시오.
- 계산 :   • 답 :

Answer

(1) 계산 : $P_1 = \dfrac{600 \times 0.6}{1.2} = 300 [\text{kW}]$ 답 : 300[kW]

(2) 계산 : $P_2 = \dfrac{800 \times 0.8}{1.6} = 400 [\text{kW}]$ 답 : 400[kW]

(3) 계산 : $P = \dfrac{300+400}{1.4} \times (1+0.1) = 550 [\text{kW}]$ 답 : 550[kW]

Explanation

- 부등률 = $\dfrac{\text{개별 최대수용전력의 합}}{\text{합성 최대수용전력}}$

- 합성최대수용전력[kW] = $\dfrac{\text{설비용량[kW]} \times \text{수용률}}{\text{부등률}}$

---

05 3상 3선식 송전선에서 한 선의 저항이 2.5[Ω], 리액턴스 5[Ω]이고, 수전단의 선간 전압은 3[kV], 부하역률이 0.8인 경우, 전압강하율을 10[%]라 하면 이 송전 전로는 몇 [kW]까지 수전할 수 있는지 계산하시오.

- 계산 :   • 답 :

Answer

계산 : 전압강하율 $\delta = \dfrac{V_s - V_r}{V_r} \times 100 = \dfrac{P}{V_r^2}(R + X\tan\theta)\,[\%]$

수전전력 $P = \dfrac{\delta V^2}{R + X\tan\theta} \times 10^{-3} = \dfrac{0.1 \times (3 \times 10^3)^2}{\left(2.5 + 5 \times \dfrac{0.6}{0.8}\right)} \times 10^{-3} = 144[\text{kW}]$ 답 : 144[kW]

Explanation

- 전압강하율 $\delta = \dfrac{V_s - V_r}{V_r} \times 100\,[\%]$

- $\delta = \dfrac{V_s - V_r}{V_r} \times 100 = \dfrac{\dfrac{P_r}{V_r}(R + X\tan\theta)}{V_r} \times 100\,[\%] = \dfrac{P(R + X\tan\theta)}{V_r^2} \times 100\,[\%]$

06 ★★★★☆

제5고조파 전류의 확대 방지 및 스위치 투입 시 돌입전류 억제를 목적으로 역률 개선용 콘덴서에 직렬 리액터를 설치하고자 한다. 콘덴서의 용량이 500[kVA]라고 할 때 다음 각 물음에 답하시오.

(1) 이론상 필요한 직렬 리액터의 용량[kVA]을 구하시오.
　•계산 :　　　　　　　　　　　　　　　•답 :
(2) 실제적으로 설치하는 직렬 리액터의 용량[kVA]을 구하시오.
　•리액터의 용량 :　　　　　　　　　　•사유 :

Answer

(1) 계산 : $500 \times 0.04 = 20[\text{kVA}]$　　　　　　답 : 20[kVA]
(2) 리액터의 용량 : $500 \times 0.06 = 30[\text{kVA}]$
　　사유 : 주파수 변동이나 경제성을 고려

Explanation

- 직렬 리액터(S.R) : 제5고조파를 제거하여 파형개선을 위하여 사용
- 직렬 리액터의 용량

$$5\omega L = \frac{1}{5\omega C}$$

$$\omega L = \frac{1}{5^2 \omega C} = \frac{1}{\omega C} \times 0.04$$

　- 이론 : 콘덴서 용량의 4[%]
　- 실제 : 콘덴서 용량의 5~6[%](주파수 변동 분을 고려)

07 ★★★★☆

3상 3선식 6.6[kV]로 수전하는 수용가의 수전점에서 100/5[A], CT 2대와 6,600/110[V], PT 2대를 사용하여 CT 및 PT 2차 측에서 측정한 3상 전력이 300[W]이었다면 수전전력은 몇 [kW]인지 구하시오.

•계산 :　　　　　　　　　　　　　　　•답 :

Answer

계산 : 수전전력=측정 전력(전력계의 지시 값)×CT비×PT비

$$\therefore P = 300 \times \frac{100}{5} \times \frac{6,600}{110} \times 10^{-3} = 360[\text{kW}]$$

답 : 360[kW]

Explanation

- 적산전력계의 측정값

$$P = \frac{3,600 \cdot n}{t \cdot k}$$

　여기서, n : 회전수[회],
　　　　　t : 시간[sec],
　　　　　k : 계기정수[rev/kWh]
- 수전전력=측정 전력(전력계의 지시 값)×CT비×PT비

08 ★★★★☆ 그림과 같은 계통의 기기의 A점에서 완전 지락이 발생하였다. 그림을 이용하여 다음 각 질문에 답하시오.

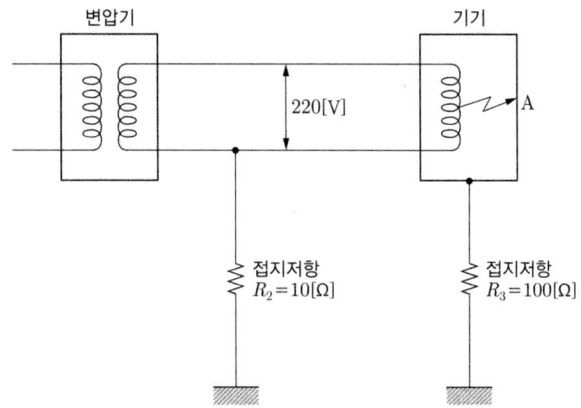

(1) 이 기기의 외함에 인체가 접촉하고 있지 않을 경우 이 외함의 대지 전압을 구하시오.
  • 계산 :   • 답 :
(2) 이 기기의 외함에 인체가 접촉하였을 경우 인체를 통해서 흐르는 전류[mA]를 구하시오. 단, 인체의 저항은 3,000[Ω]으로 한다.
  • 계산 :   • 답 :

Answer

(1) 대지전압 : $e = \dfrac{R_2}{R_1+R_2} \times V = \dfrac{100}{10+100} \times 220 = 200[\text{V}]$ 답 : 200[V]

(2) 인체에 흐르는 전류

$I = \dfrac{V}{R_1 + \dfrac{R_2 \cdot R}{R_2+R}} \times \dfrac{R_2}{R_2+R} = \dfrac{220}{10+\dfrac{100 \times 3{,}000}{100+3{,}000}} \times \dfrac{100}{100+3{,}000}$

$= 0.06647 = 66.47 \times 10^{-3} = 66.47[\text{mA}]$ 답 : 66.47[mA]

Explanation

• 인체가 접촉하지 않는 경우
  대지전압 : $e = \dfrac{R_2}{R_1+R_2} \times V$

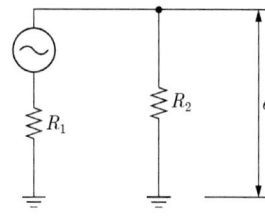

• 인체가 접촉되는 경우
  – 전체 저항 : $R_T = R_1 + \dfrac{R_2 \cdot R}{R_2+R}$
  – 전체 전류 : $I_T = \dfrac{V}{R_T} = \dfrac{V}{R_1+\dfrac{R_2 \cdot R}{R_2+R}}$
  – 인체에 흐르는 전류
    $I' = I_T \times \dfrac{R_2}{R_2+R} = \dfrac{V}{R_1+\dfrac{R_2 \cdot R}{R_2+R}} \times \dfrac{R_2}{R_2+R}$

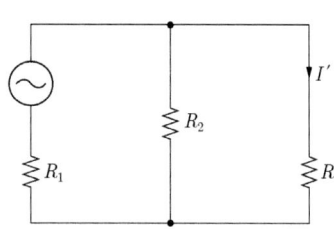

09 전력퓨즈의 장·단점을 각각 3가지만 쓰시오.

(1) 전력퓨즈의 장점
   ①
   ②
   ③
(2) 전력퓨즈의 단점
   ①
   ②
   ③

Answer

(1) ① 고속도 차단이 가능하다.
    ② 소형으로 큰 차단용량을 갖는다.
    ③ 릴레이나 변성기가 필요 없다.
(2) ① 동작 후 재투입 불가
    ② 차단전류-동작시간 특성의 조정이 불가능하다.
    ③ 과도 전류에 용단되기 쉽다.

Explanation

(내선규정 3,220-5) 전력 퓨즈
- 전력 퓨즈(Power Fuse)

장점	단점
• 한류효과가 크다. • 고속도 차단할 수 있다. • 소형이며 차단 용량이 크다. • 소형, 경량이다.	• 재투입이 불가능하다. • 차단 시 과전압을 발생한다. • 순간적인 과도전류에 용단하기 쉽다. • 동작 시간 - 전류 특성을 계전기처럼 자유롭게 조정할 수 없다.

- 전력 퓨즈의 특성
  - 용단 특성
  - 단시간 허용 특성
  - 전차단 특성
- 전력퓨즈의 정격전류 표준값[A]
  1, 2, 3, 5, 7, 10, 15, 20, 25, 30, 40, 50, 65, 80, 100, 125, 150, 200, 250, 300, 400

10 다음 조건에 맞는 콘센트의 그림기호를 그리시오.

(1) 벽붙이용	(2) 천장에 부착하는 경우	(3) 바닥에 부착하는 경우
(4) 방수형	(5) 2구용	

Answer

(1) 벽붙이용	(2) 천장에 부착하는 경우	(3) 바닥에 부착하는 경우
 ◖:	 ⊙⊙	 ◖:▲
(4) 방수형	(5) 2구용	
 ◖:$_{WP}$	 ◖:$_2$	

Explanation

콘센트(심벌)

명칭	그림기호	적 요

콘센트	 ◖:	① 천장에 부착하는 경우는 다음과 같다. 
		⊙⊙
		② 바닥에 부착하는 경우는 다음과 같다. 
		◖:▲
		③ 용량의 표시방법은 다음과 같다.
		  a. 15[A]는 방기하지 않는다.
		  b. 20[A] 이상은 암페어 수를 표기한다.
		  【보기】  ◖:$_{20A}$
		④ 2구 이상인 경우는 구수를 표기한다.
		  【보기】  ◖:$_2$
		⑤ 3극 이상인 것은 극수를 표기한다.
		  【보기】  ◖:$_{3P}$
		⑥ 종류를 표시하는 경우는 다음과 같다.
		  빠짐방지용 ◖:$_{LK}$
		  걸림형 ◖:$_T$
		  접지극붙이 ◖:$_E$
		  접지단자붙이 ◖:$_{ET}$
		  누전차단기붙이 ◖:$_{EL}$
		⑦ 방수형은 WP를 표기한다. ◖:$_{WP}$
		⑧ 방폭형은 EX를 표기한다. ◖:$_{EX}$
		⑨ 의료용은 H를 표기한다. ◖:$_H$

11 그림은 중형 환기팬의 수동 운전 및 고장 표시등 회로의 일부이다. 이 회로를 이용하여 다음 각 질문에 답하시오.

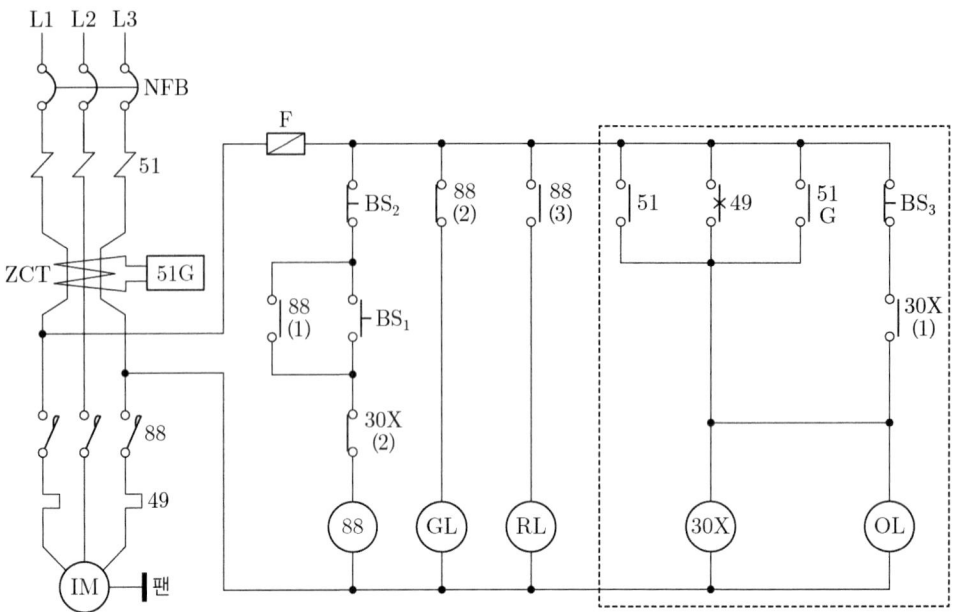

(1) 88은 MC로서 도면에서는 출력기구이다. 도면에 표시된 기구(버튼) 및 램프에 대하여 다음에 해당되는 명칭을 그 약호로 쓰시오.(단, 기구(버튼) 및 램프에 대한 약호의 중복은 없고 MCCB, ZCT, IM은 제외하며, 해당 되는 기구가 여러 가지일 경우에는 모두 쓰도록 한다.)
① 고장표시기구 :
② 고장 회복확인 기구(버튼) :
③ 기동기구(버튼) :
④ 정지기구(버튼) :
⑤ 운전표시램프 :
⑥ 정지표시램프 :
⑦ 고장표시램프 :
⑧ 고장검출기구 :

(2) 그림의 점선으로 표시된 회로를 AND, OR, NOT 게이트를 사용하여 로직 회로를 그리시오. 단, 로직 소자는 3입력 이하로 한다.

Answer

(1) ① 30X
② BS₃
③ BS₁
④ BS₂
⑤ RL
⑥ GL
⑦ OL
⑧ 51, 51G, 49

(2)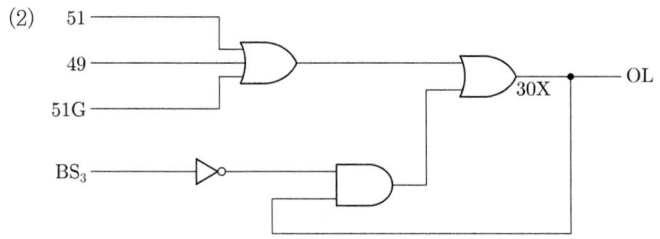

Explanation

- 기구 : 릴레이
- 표시등
  - RL : 동작 표시
  - GL : 정지 표시
  - OL : 고장 표시
- 논리식 : $30X = (51 + 49 + 51G) + (\overline{BS_3} \cdot 30X)$
  $OL = 30X$

12 ★★★★☆
3상 유도전동기의 정·역 회로도이다. 다음 질문에 답하시오.

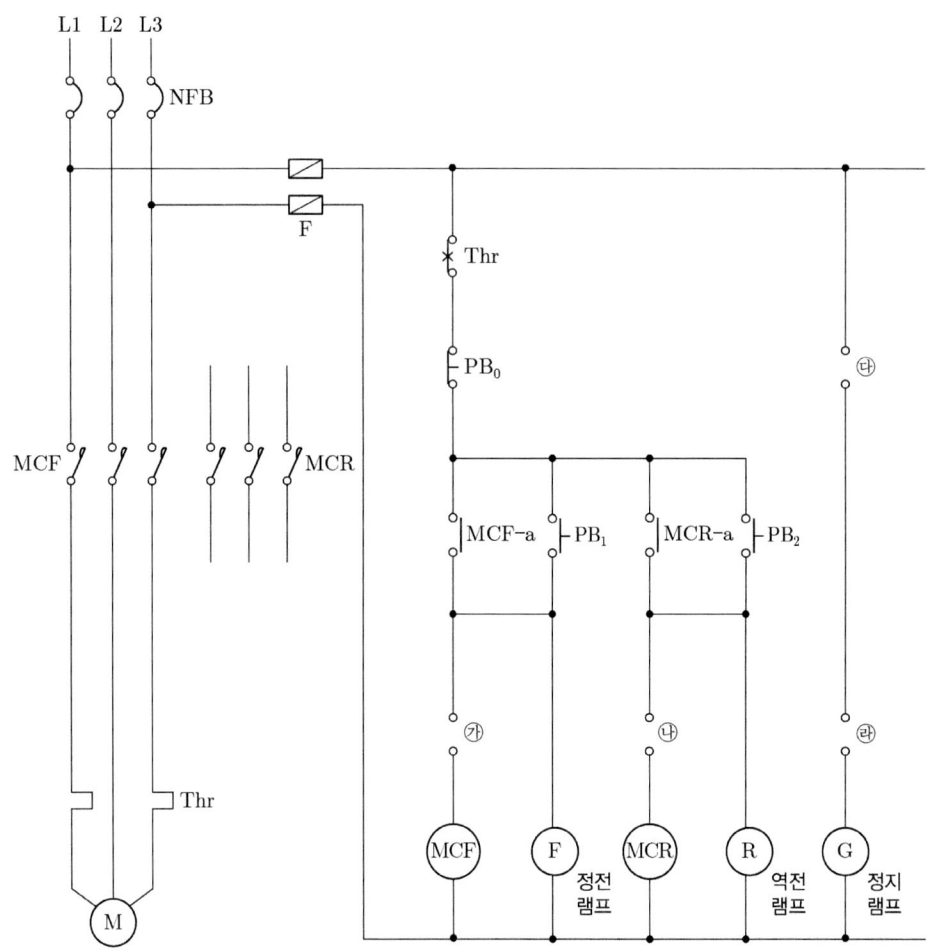

(1) 주 회로 및 보조 회로의 미완성 부분 (㉮ ~ ㉰)을 완성하시오.

(2) 타임차트를 완성하시오.

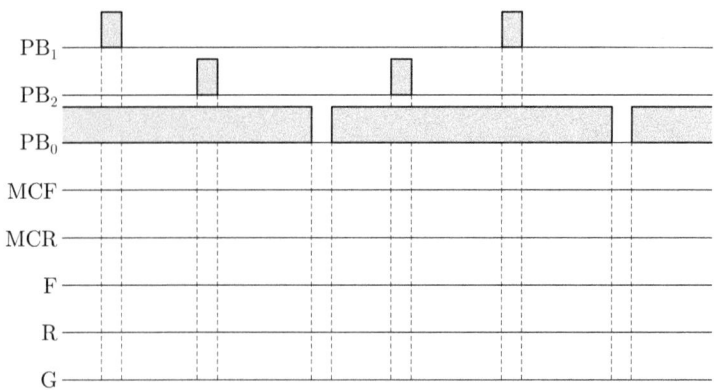

Answer

(1)

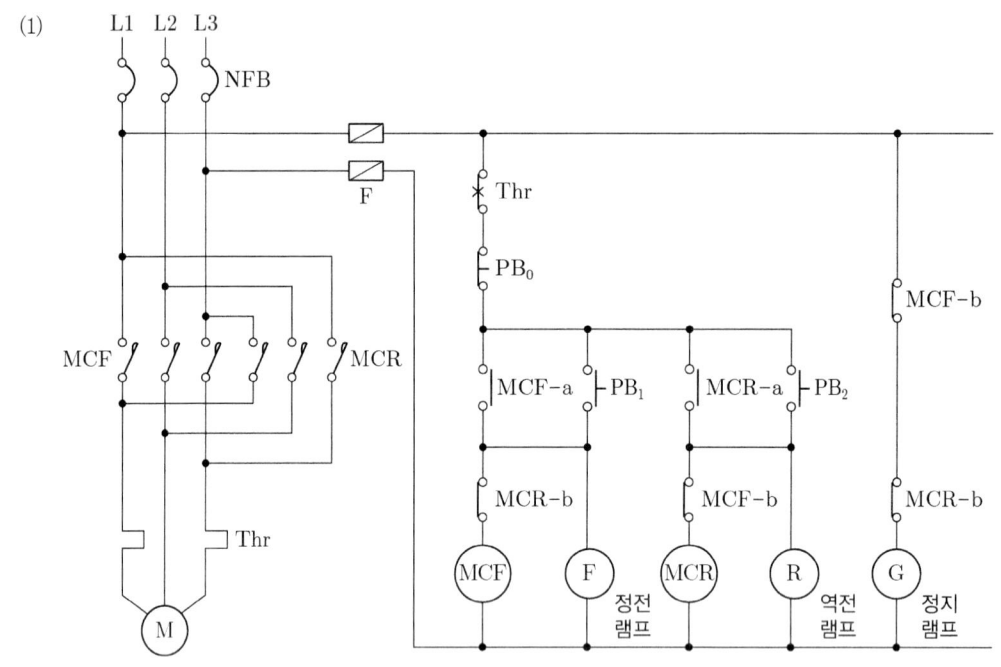

(2)

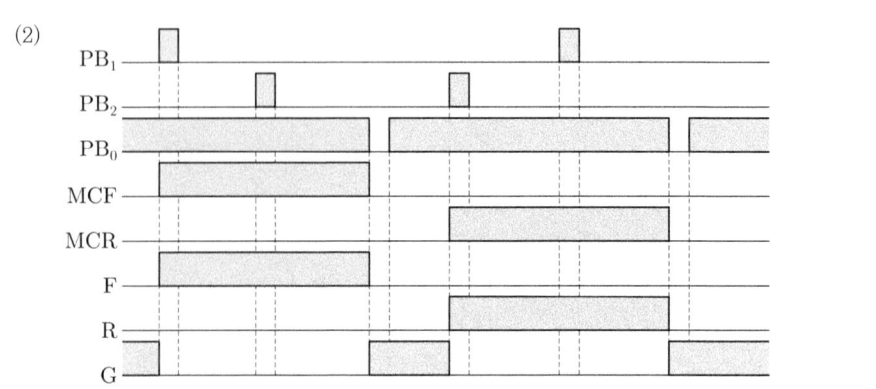

Explanation

- 정 · 역 운전회로의 구성
  - 자기유지 회로
  - 인터록 회로
- 정 · 역 운전 주 회로 결선 : 전원의 3선 중 2선의 접속을 바꾼다.

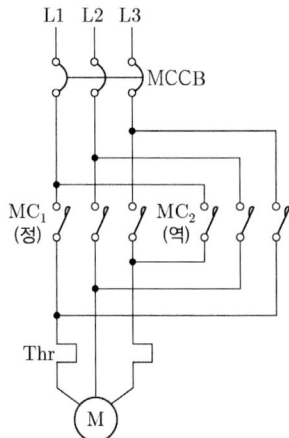

13 송전용량 5,000[kVA]인 설비가 있을 때 공급 가능한 용량은 부하 역률 80[%]에서 4,000[kW]까지이다. 여기서, 부하 역률을 95[%]로 개선하는 경우 역률개선 전 (80[%])에 비하여 공급 가능한 용량 [kW]은 얼마가 증가되는지를 구하시오.

- 계산 :
- 답 :

Answer

계산 : 역률 개선 전 공급용량 $P = P_a \cos\theta = 5,000 \times 0.8 = 4,000 [\text{kW}]$
　　　역률 개선 후 공급용량 $P = P_a \cos\theta = 5,000 \times 0.95 = 4,750 [\text{kW}]$
　　　증가용량 : $4,750 - 4,000 = 750 [\text{kW}]$

답 : 750[kW]

Explanation

유효전력 증가분 $\triangle P = P_a (\cos\theta_1 - \cos\theta_2)$

14 전력계통에 이용되는 리액터의 분류에 따른 설치 목적을 적으시오.

Answer

구분	설치 목적
분로(병렬) 리액터	페란티 현상의 방지
직렬 리액터	제5고조파의 제거
소호 리액터	지락 전류의 제한
한류 리액터	단락 전류의 제한

Explanation

- 분로(병렬) 리액터 : 페란티 현상 방지
- 직렬 리액터 : 제5고조파 제거
- 소호 리액터 : 소호리액터 접지방식의 접지리액터로 지락아크 소멸
- 한류 리액터 : 차단기 전단에 시설하여 단락전류 제한하여 차단기 용량 감소

15 50[Hz]로 설계된 3상 유도전동기를 동일전압으로 60[Hz]에 사용할 경우 다음 항목이 어떻게 변화하는지를 수치로 제시하여 쓰시오.

(1) 무부하 전류 :
(2) 온도 상승 :
(3) 속도 :

Answer

(1) 5/6로 감소
(2) 5/6로 감소
(3) 6/5로 증가

Explanation

유도전동기의 특성
- 무부하 전류 $I_o = \dfrac{V}{\omega L} = \dfrac{V}{2\pi f L} \propto \dfrac{1}{f}$ 무부하 전류는 주파수에 반비례
- 온도상승 : 무부하 전류 즉, 리액터에 전류가 증가하므로 온도는 주파수에 반비례
- 속도 $N = (1-s)N_s = (1-s)\dfrac{120f}{p} \propto f$ 회전속도는 주파수에 비례

16 ★★★★☆ 그림은 발전기의 상간 단락보호 계전방식을 도면화한 것이다. 이 도면을 보고 다음 각 질문에 답하시오.

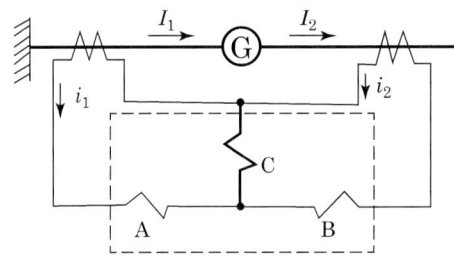

(1) 점선 안의 계전기 명칭은 무엇인지 적으시오.
 • 답 :
(2) 동작코일은 A, B, C의 코일 중 어느 것인지 적으시오.
 • 답 :
(3) 발전기 내에서 상간 단락이 발생했을 때 코일 C의 전류(i_d)는 어떻게 표현되는지 적으시오.
 • 답 :
(4) 동기 발전기를 병렬운전하기 위한 조건 3가지만 적으시오.
 •
 •
 •

Answer

(1) 비율차동계전기
(2) C 코일
(3) $i_d = |i_1 - i_2|$
(4) • 기전력의 크기가 같을 것
 • 기전력의 주파수가 같을 것

- 기전력의 위상이 같을 것

Explanation

- 비율차동계전기

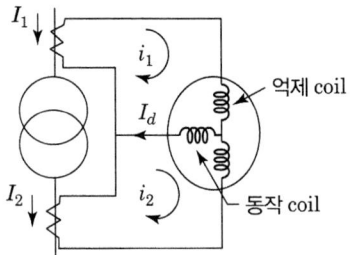

- 동기 발전기의 병렬운전 조건

병렬운전 조건	문제점
기전력의 크기가 같을 것	무효순환전류(무효횡류)
기전력의 위상이 같을 것	동기화 전류(유효횡류)
기전력의 주파수가 같을 것	난조 발생
기전력의 파형이 같을 것	고조파 무효순환전류
상회전 방향이 같을 것	

17 ★★★★☆
정격 용량 700[kVA]인 변압기에서 지상 역률 65[%]의 부하에 700[kVA]를 공급하고 있다. 역률 90[%]로 개선하여 변압기의 전용량까지 부하에 공급하고자 한다. 다음 각 질문에 답하시오.

(1) 소요되는 전력용 콘덴서의 용량은 몇 [kVA]인가?
- 계산 :   • 답 :

(2) 역률 개선에 따른 유효전력의 증가분은 몇 [kW]인가?
- 계산 :   • 답 :

Answer

(1) 계산 : 역률 개선 전 무효전력
$$Q_1 = P_a \sin\theta_1 = 700 \times \sqrt{1-0.65^2} = 531.95 [\text{kVar}]$$
역률 개선 후 무효전력
$$Q_2 = P_a \sin\theta_2 = 700 \times \sqrt{1-0.9^2} = 305.12 [\text{kVar}]$$
따라서 필요한 콘덴서의 용량
$$Q_c = Q_1 - Q_2 = 531.95 - 305.12 = 226.83 [\text{kVA}]$$

답 : 226.83[kVA]

(2) 증가 부하
$$\triangle P = P_a(\cos\theta_2 - \cos\theta_1) = 700 \times (0.9-0.65) = 175 [\text{kW}]$$

답 : 175[kW]

Explanation

유효전력 증가분
$$\triangle P = P_a(\cos\theta_1 - \cos\theta_2) [\text{kW}]$$

- 변압기 전용량까지 사용한다면 무효전력을 이용하여 콘덴서 용량 계산

18 ★★★★☆ 그림과 같은 대칭 3상 회로에서 운전되는 유도전동기에 전력계, 전압계, 전류계를 접속하고 각 계기의 지시를 측정하니 전력계 W_1 = 6.57[kW], W_2 = 4.38[kW], 전압계 V = 220[V], 전류계 I = 30.41[A] 이었다. 다음 각 질문에 답하여라. 단, 전압계와 전류계는 회로에 정상적으로 연결된 상태이다.

【회로도】

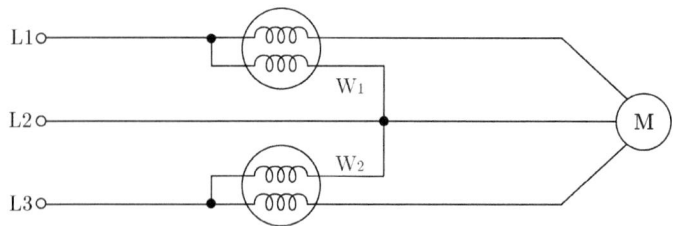

(1) 전압계와 전류계를 설치하여 전압, 전류를 측정하기 위한 적당한 위치를 회로도에 직접 그려 넣어라.
(2) 피상전력[kVA]과 유효전력[kW], 역률을 각각 계산하여라.
 • 피상전력
  계산 :   답 :
 • 유효전력
  계산 :   답 :
 • 역률
  계산 :   답 :
(3) 이 유도전동기로 30[m/min]의 속도로 물체를 권상한다면 몇 [kg]까지 가능한지 계산하여라. 단, 종합 효율은 85[%]로 한다.
 • 계산 :   • 답 :

Answer

(1)

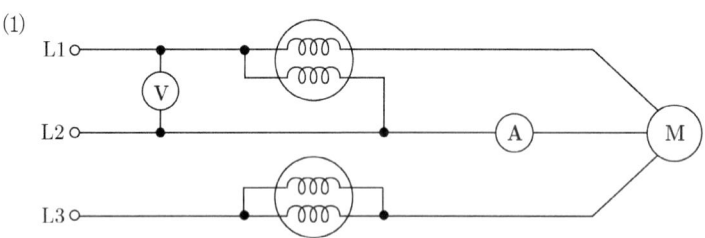

(2) 계산 : 피상전력 $P_a = \sqrt{3}\, VI = \sqrt{3} \times 220 \times 30.41 = 11{,}587.77$ [VA] $= 11.59$ [kVA]

답 : 11.59[kVA]

유효전력 $P = W_1 + W_2 = 6.57 + 4.38 = 10.95$ [kW]

답 : 10.95[kW]

역률 $\cos\theta = \dfrac{P}{P_a} \times 100 = \dfrac{10.95}{11.59} \times 100 = 94.48$ [%]

답 : 94.48[%]

(3) 계산 : $W = \dfrac{6.12 P \eta}{V}$ [ton] $= \dfrac{6.12 \times 10.95 \times 0.85}{30} \times 1{,}000 = 1{,}898.73$ [kg]

답 : 1,898.73[kg]

Explanation

- 2전력계법
  - 유효전력 $P = P_1 + P_2$
  - 무효전력 $P_r = \sqrt{3}(P_1 - P_2)$
  - 피상전력 $P_a = 2\sqrt{P_1^2 + P_2^2 - P_1 P_2}$
- 문제와 같이 2전력계법이라는 표현이 없으므로 전압, 전류를 측정하는 경우의 피상전력은 $P_a = 2\sqrt{P_1^2 + P_2^2 - P_1 P_2}$ 로 구하는 것보다는 $P_a = \sqrt{3}\, VI$ 로 구해야 한다.
- 권상기 소요동력 $P = \dfrac{KWV}{6.12\eta}$ [kW]
  여기서, K : 여유계수, W : 권상하중[ton], V : 권상속도[m/min], η : 권상기 효율[%]

19 ★★★★☆ 그림은 22.9[kV] 특고압 수전설비의 단선도이다. 이 도면을 보고 다음 각 물음에 답하시오.

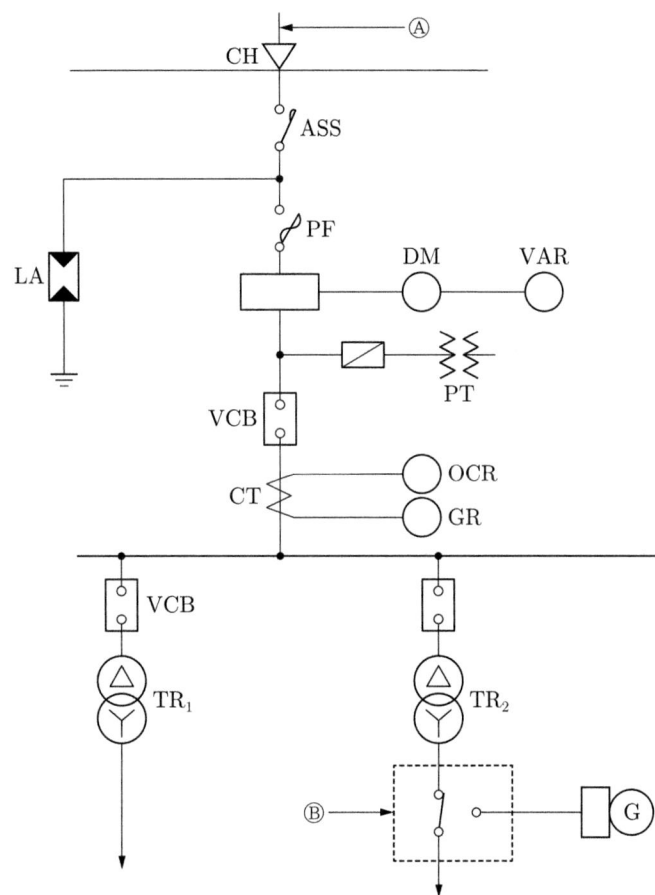

(1) 도면에 표시되어 있는 다음 약호의 명칭을 우리말로 쓰시오.
  - ASS :
  - VCB :
  - LA :
  - DM :

(2) TR_1 쪽의 부하용량의 합이 300[kW]이고, 역률 및 효율이 각각 0.8, 수용률이 0.6이라면 TR_1 변압기의 용량은 몇 [kVA]인지 계산하고 규격용량을 선정하시오. (단, 변압기의 규격용량[kVA]은 100, 150, 225, 300, 500이다)
  - 계산 :
  - 답 :

(3) Ⓐ에는 어떤 종류의 케이블이 사용되는지 쓰시오.
(4) Ⓑ의 명칭은 무엇인지 우리말로 쓰시오.
(5) 도면상의 변압기 결선도를 복선도로 그리시오.

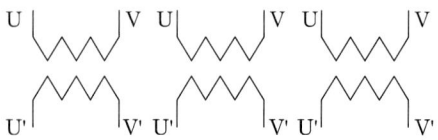

Answer

(1) • ASS : 자동 고장 구분 개폐기
　　• VCB : 진공 차단기
　　• LA : 피뢰기
　　• DM : 최대 수요 전력량계
(2) 계산 : $TR_1 = \dfrac{300 \times 0.6}{0.8 \times 0.8} = 281.25[kVA]$ 　　답 : 300[kVA] 선정
(3) CNCV-W 케이블(수밀형) 또는 TR CNCV-W(트리억제형)
(4) 자동 전환 개폐기
(5)
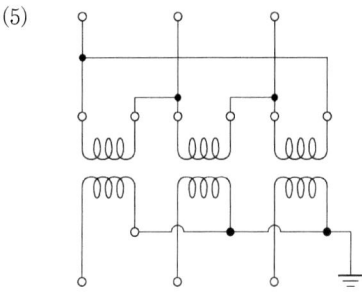

Explanation

• 변압기 용량[kVA] $\geq \dfrac{\text{설비용량[kW]} \times \text{수용률}}{\text{효율} \times \text{역률}}$

• 22.9[kV]선로의 케이블 : CNCV-W 케이블(수밀형)
　　　　　　　　　　　　TR CNCV-W(트리억제형)

• 자동 전환 개폐기
　- ATS(자동 전환 개폐기) : 한전과 비상발전기
　- ALTS(자동 부하 전환 개폐기) : 주선로와 예비선로의 자동전환

• 3상 변압기의 표준용량
　3, 5, 7.5, 10, 15, 20, 30, 50, 75, 100, 150, 200, 300, 500, 750, 1,000[kVA]

20 다음의 회로는 두 입력 중 먼저 동작한 쪽이 우선이고, 다른 쪽의 동작을 금지시키는 시퀀스 회로이다. 이 회로를 보고 다음 각 질문에 답하시오. 단, A, B는 입력 스위치이고 X_1, X_2는 계전기이다.

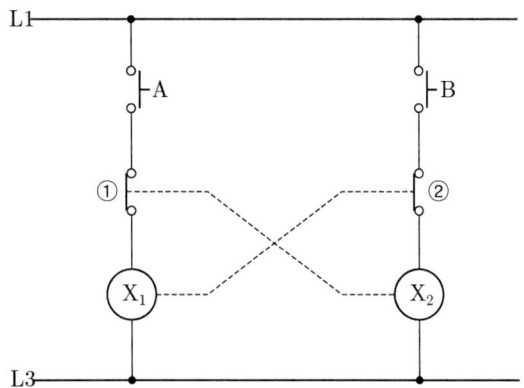

(1) ①, ②에 맞는 각 보조 접점의 접점 기호의 명칭을 쓰시오.
   ①
   ②

(2) 이 회로는 주로 기기의 보호와 조작자의 안전을 목적으로 하는데 이와 같은 회로의 명칭을 무엇이라 하는가?
   • 답 :

(3) 주어진 진리표를 완성하시오.

입력		출력	
A	B	X_1	X_2
0	0		
0	1		
1	0		

(4) 계전기 시퀀스 회로를 논리회로로 변환하여 그리시오.

(5) 그림과 같은 타임차트를 완성하시오.

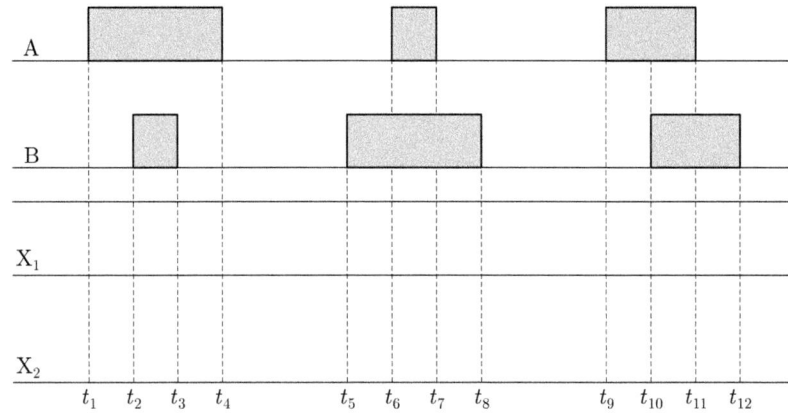

(1) ① X_2계전기의 순시 b 접점
    ② X_1계전기의 순시 b 접점
(2) 인터록 회로
(3)

입력		출력	
A	B	X_1	X_2
0	0	0	0
0	1	0	1
1	0	1	0

(4)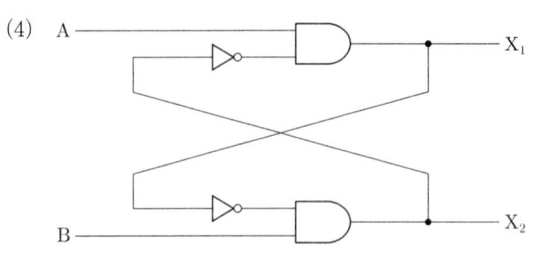

(5)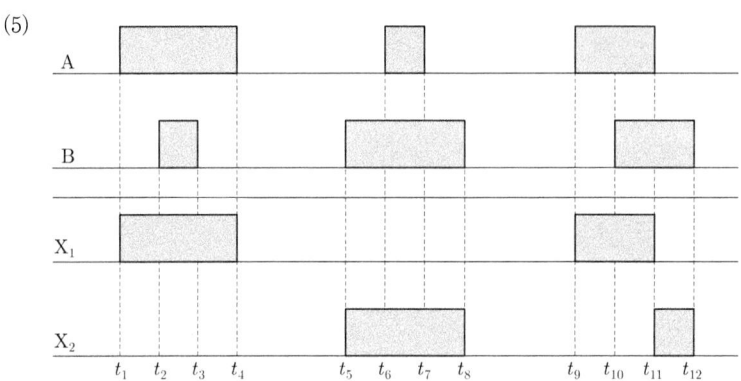

Explanation

인터록 회로(interlock)
1) 기능 : 한쪽이 동작하면 다른 한쪽은 동작할 수 없는 논리
2) 회로 및 타임차트

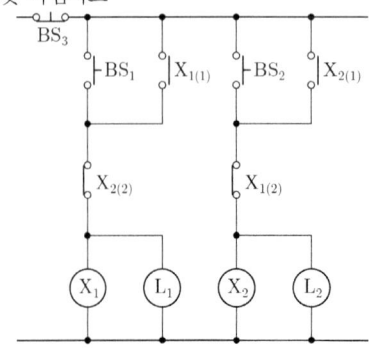 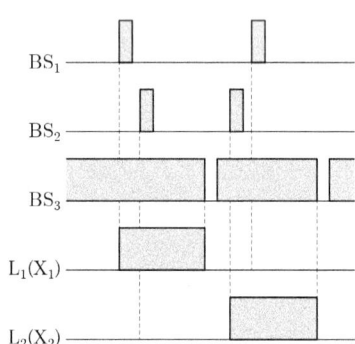

3) 동작 설명
   ① BS_1을 누르면 $X_1(L_1)$이 동작 이후에 BS_2를 눌러도 $X_2(L_2)$가 동작할 수 없다.
   ② BS_2를 먼저 주면 $X_2(L_2)$가 동작 이후 BS_1을 눌러도 $X_1(L_1)$이 동작할 수 없다.

21 거리 계전기의 설치점에서 고장점까지의 임피던스를 70[Ω]이라고 하면 계전기측에서 본 임피던스는 몇 [Ω]인지 구하시오. 단, PT의 비는 154,000/110[V], CT의 변류비는 500/5[A]이다.

• 계산 :   • 답 :

Answer

계산 : $Z_{Ry} = Z_1 \times \dfrac{CT비}{PT비} = 70 \times \dfrac{500}{5} \times \dfrac{110}{154,000} = 5[\Omega]$ 답 : 5[Ω]

Explanation

계전기에서 본 임피던스 $Z_{Ry} = \dfrac{V_2}{I_2} = \dfrac{V_1 \times \dfrac{1}{PT비}}{I_1 \times \dfrac{1}{CT비}} = Z_1 \times \dfrac{CT비}{PT비}$

22 다음은 콘센트의 그림 기호이다. 각 콘센트의 종류 또는 형별 명칭을 답란에 써 넣으시오.

(1)  ⊙LK   (2)  ⊙ET   (3)  ⊙EX   (4)  ⊙H   (5)  ⊙EL

[답란]

(1)	(2)	(3)	(4)	(5)

Answer

(1)	(2)	(3)	(4)	(5)
빠짐방지형	접지단자 붙이	방폭형	의료용	누전 차단기 붙이

Explanation

콘센트(심벌)

명칭	그림 기호	적용
콘센트	 ⊙	① 천장에 부착하는 경우는 다음과 같다.  ② 바닥에 부착하는 경우는 다음과 같다.  ③ 용량의 표시 방법은 다음과 같다. 　a. 15[A]는 방기하지 않는다. 　b. 20[A] 이상은 암페어 수를 표기한다. [보기]  ⊙20A ④ 2구 이상인 경우는 구수를 표기한다. [보기]  ⊙2 ⑤ 3극 이상인 것은 극수를 표기한다. [보기]  ⊙3P

명칭	그림 기호	적용
콘센트	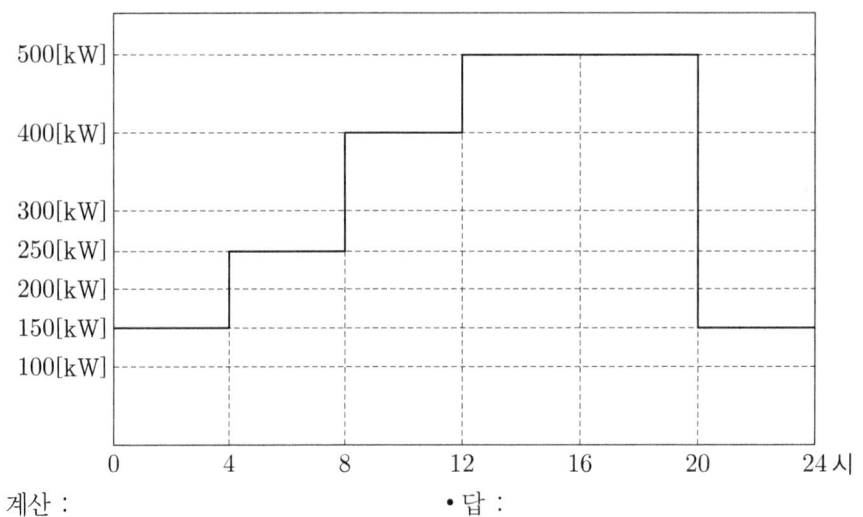	⑥ 종류를 표시하는 경우는 다음과 같다. 　빠짐방지형　　　⦙LK　　걸림형　　　　　　⦙T 　접지극 붙이　　　⦙E　　접지단자 붙이　　　⦙ET 　누전 차단기 붙이　⦙EL ⑦ 방수형은 WP를 표기한다.　⦙WP ⑧ 방폭형은 EX를 표기한다.　⦙EX ⑨ 의료용은 H를 표기한다.　⦙H

23 ★★★★☆ 그림은 어느 공장의 일부하 곡선이다. 이 공장에서의 일부하율은 몇 [%]인지 구하시오.

- 계산 :   　　　　　　　　　　　　　• 답 :

Answer

계산 : 일부하율 = $\dfrac{\dfrac{(150\times 4 + 250\times 4 + 400\times 4 + 500\times 8 + 150\times 4)}{24}}{500} \times 100 = 65[\%]$　　　답 : 65[%]

Explanation

- 부하율 = $\dfrac{평균\ 수용\ 전력[kW]}{합성\ 최대\ 수용\ 전력[kW]} \times 100[\%]$

  = $\dfrac{사용전력량[kWh]/사용시간[h]}{합성\ 최대\ 수용\ 전력[kW]} \times 100[\%]$

24

그림은 22.9[kV-Y] 1,000[kVA] 이하를 시설하는 경우의 특별고압 간이 수전 설비 결선도이다. [주1]~[주5]의 (①~⑦)에 알맞은 내용을 써 넣으시오.

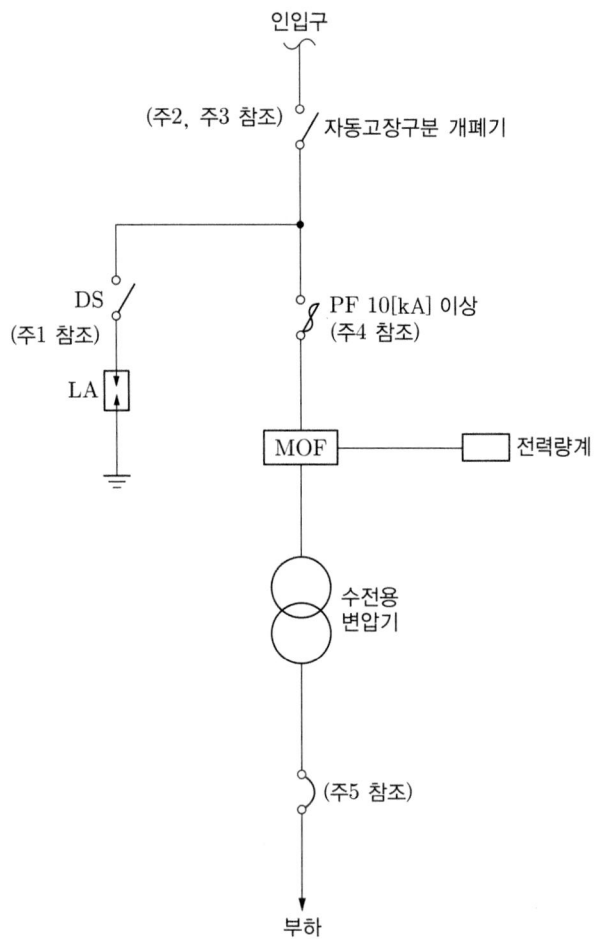

- [주1] LA용 DS는 생략할 수 있으며 22.9[kV-Y] 용의 LA는 (①)붙임형을 사용하여야 한다.
- [주2] 인입선을 지중선으로 시설하는 경우로 공동주택 등 고장 시 정전 피해가 큰 경우는 예비 지중선을 포함하여 (②)으로 시설하는 것이 바람직하다.
- [주3] 지중 인입선의 경우에는 22.9[kV-Y] 계통은 (③) 또는 (④)을 사용하여야 한다. 다만, 전력구, 공동구, 덕트, 건물구내 등 화재의 우려가 있는 장소에서는 (⑤)을 사용하는 것이 바람직하다.
- [주4] 300[kVA] 이하인 경우는 PF 대신 (⑥)을 사용할 수 있다.
- [주5] 특별고압 간이 수전 설비는 PF의 용단 등의 결상사고에 대한 대책이 없으므로 변압기 2차 측에 설치되는 주 차단기에는 (⑦) 등을 설치하여 결상사고에 대한 보호 능력이 있도록 함이 바람직하다.

① :　　　　　　　　　　　② :
③ :　　　　　　　　　　　④ :
⑤ :　　　　　　　　　　　⑥ :
⑦ :

Answer

① Disconnector 또는 Isolator
② 2회선
③ CNCV-W 케이블(수밀형)

④ TR CNCV-W(트리억제형)
⑤ FR CNCO-W(난연)
⑥ COS(비대칭 차단 전류 10[kA] 이상의 것)
⑦ 결상 계전기

Explanation

22.9[kV-Y] 1,000[kVA] 이하를 시설하는 경우

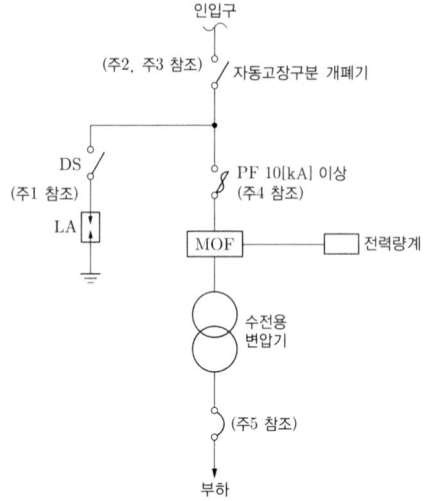

[주1] LA용 DS는 생략할 수 있으며 22.9[kV-Y]용의 LA는 Disconnector(또는 Isolator) 붙임형을 사용하여야 한다.
[주2] 인입선을 지중선으로 시설하는 경우로서 공동주택 등 사고 시 정전 피해가 큰 수전 설비 인입선은 예비선을 포함하여 2회선으로 시설하는 것이 바람직하다.
[주3] 지중 인입선의 경우에 22.9[kV-Y] 계통은 CNCV-W 케이블(수밀형) 또는 TR CNCV-W(트리억제형)을 사용하여야 한다. 다만, 전력구, 공동구, 덕트, 건물구내 등 화재의 우려가 있는 장소에서는 FR CNCO-W(난연)케이블을 사용하는 것이 바람직하다.
[주4] 300[kVA] 이하인 경우는 PF 대신 COS(비대칭 차단 전류 10[kA] 이상의 것)을 사용할 수 있다.
[주5] 특별고압 간이 수전 설비는 PF의 용단 등의 결상사고에 대한 대책이 없으므로 변압기 2차 측에 설치되는 주 차단기에는 결상 계전기 등을 설치하여 결상사고에 대한 보호 능력이 있도록 함이 바람직하다.

25 그림과 같은 고압 수전 설비의 단선결선도에서 ①에서 ⑩까지의 심벌의 약호와 명칭을 번호별로 적어 넣으시오.

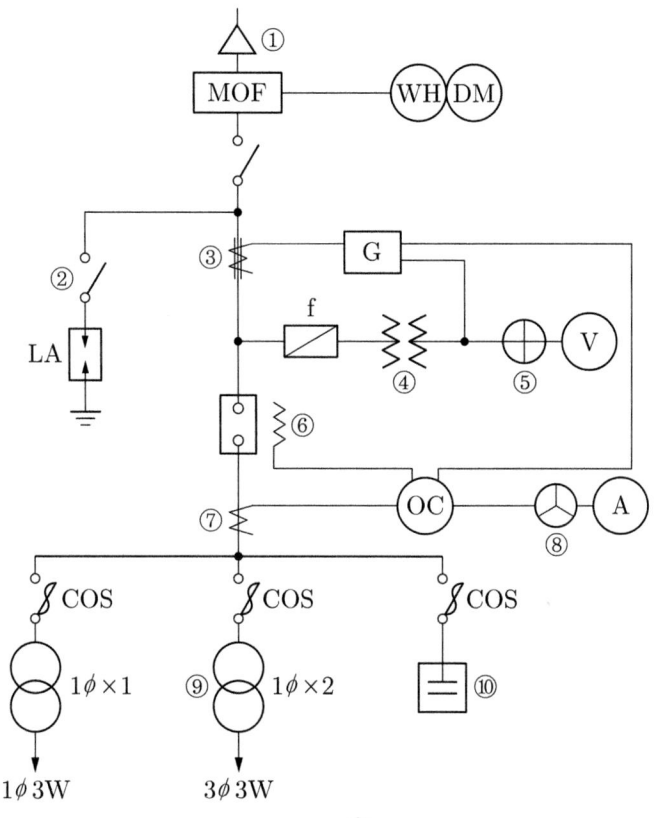

①
③
⑤
⑦
⑨

②
④
⑥
⑧
⑩

Answer

① CH : 케이블 헤드
② DS : 단로기
③ ZCT : 영상변류기
④ PT : 계기용 변압기
⑤ VS : 전압계용 전환 계폐기
⑥ TC : 트립 코일
⑦ CT : 변류기
⑧ AS : 전류계용 전환 개폐기
⑨ Tr : 전력용 변압기
⑩ SC : 전력용 콘덴서

Explanation

고압 수전 설비(정식수전 설비, CB형)

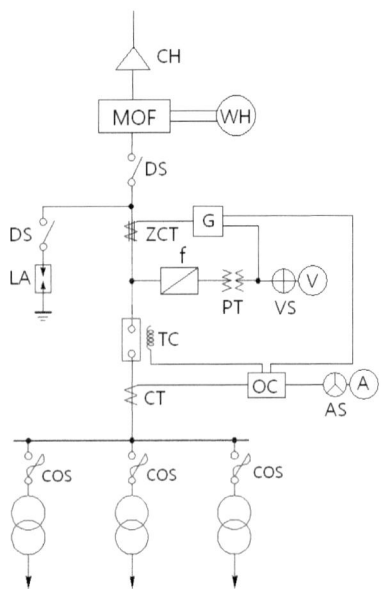

26 분전반에서 30[m]의 거리에 2.5[kW]의 교류 단상 220[V] 전열용 아웃렛트를 설치하여 전압강하를 2[%] 이내가 되도록 하고자 한다. 이곳의 배선 방법을 금속관 공사로 한다고 할 때, 다음 각 질문에 답하시오.

(1) 전선의 굵기를 선정하고자 할 때 고려하여야 할 사항을 3가지만 쓰시오.
   ①   ②   ③

(2) 전선은 450/750[V] 일반용 단심 비닐 절연전선을 사용한다고 할 때 본문 내용에 따른 전선의 굵기를 계산하고, 규격품의 굵기로 답하시오.
   • 계산 :   • 답 :

Answer

(1) 허용전류, 전압강하, 기계적 강도

(2) $I = \dfrac{2.5 \times 10^3}{220} = 11.36$ [A]

전선의 굵기 $A = \dfrac{35.6LI}{1,000e} = \dfrac{35.6 \times 30 \times 11.36}{1,000 \times (220 \times 0.02)} = 2.76$ [mm²]   답 : 4[mm²]

Explanation

• 경제적인 전선의 굵기 선정(켈빈의 법칙) : 허용전류, 기계적 강도, 전압강하
• 전압강하 및 전선의 단면적 계산

전기 방식	전압 강하		전선 단면적	대상 전압강하
단상 3선식 직류 3선식 3상 4선식	IR	$e = \dfrac{17.8LI}{1,000A}$	$A = \dfrac{17.8LI}{1,000e}$	대지와 선간
단상 2선식 **직류 2선식**	$2IR$	$e = \dfrac{35.6LI}{1,000A}$	$A = \dfrac{35.6LI}{1,000e}$	선간
3상 3선식	$\sqrt{3}IR$	$e = \dfrac{30.8LI}{1,000A}$	$A = \dfrac{30.8LI}{1,000e}$	선간

여기서, e : 전압강하[V], A : 사용전선의 단면적[mm²]
       L : 선로의 길이[m], C : 전선의 도전율(97[%])

- KS C IEC 전선 규격

전선의 공칭단면적[mm²]			
1.5	16	95	300
2.5	25	120	400
4	35	150	500
6	50	185	630
10	70	240	

27 ★★★★☆
다음과 같은 특성의 축전지 용량 C를 구하시오. 단, 축전지 사용 시의 보수율은 0.8, 축전지 온도 5[℃], 허용 최저전압은 90[V], 셀당 전압 1.06[V/cell], $K_1 = 1.15$, $K_2 = 0.92$이다.

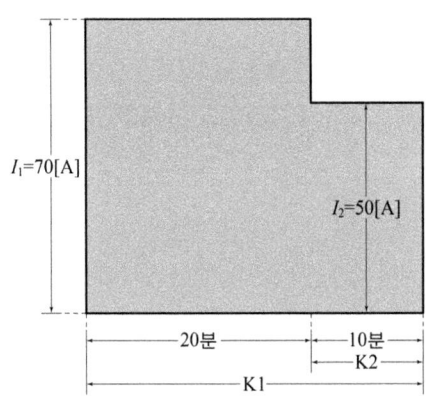

- 계산 :   • 답 :

계산 : $C = \dfrac{1}{L}KI = \dfrac{1}{0.8}[1.15 \times 70 + 0.92 \times (50-70)] = 77.63[\text{Ah}]$ 답 : 77.63[Ah]

Explanation

축전지 용량 산출

$C = \dfrac{1}{L}KI$ [Ah]

여기서, C : 축전지 용량[Ah]
　　　　L : 보수율(축전지 용량 변화의 보정값, 경년용량 저하율)
　　　　K : 용량 환산 시간
　　　　I : 방전 전류[A]

28 ★★★★☆
유도전동기 부하에서 기동용량 2,000[kVA], 기동 시 허용 전압강하 20[%], 발전기의 과도리액턴스가 25[%]일 때 자가 발전기의 정격출력[kVA]을 구하시오.

- 계산 :   • 답 :

Answer

계산 : $P\,[\text{kVA}] > \left(\dfrac{1}{허용\ 전압\ 강하} - 1\right) \times X_d \times 기동\,[\text{kVA}]$

$= \left(\dfrac{1}{0.2} - 1\right) \times 0.25 \times 2,000 = 2,000\,[\text{kVA}]$

답 : 2,000[kVA]

Explanation

비상용 자가 발전기 출력
기동용량이 큰 부하가 있을 경우(전동기 시동에 대처하는 용량) 자가 발전 설비에서 전동기를 기동할 때에는 큰 부하가 발전기에 갑자기 걸리게 되므로 발전기의 단자전압이 순간적으로 저하하여 개폐기의 개방 또는 엔진의 정지 등이 야기되는 수가 있다. 이런 경우를 방지하기 위한 발전기의 정격 출력[kVA]은

$P\,[\text{kVA}] > \left(\dfrac{1}{허용\ 전압\ 강하} - 1\right) \times X_d \times 기동\,[\text{kVA}]$

여기서, X_d : 발전기의 과도 리액턴스(보통 25~30[%])
허용 전압 강하 : 20~30[%]

29 ★★★★☆

서지보호장치(SPD : Surge Protective Device)에 대하여 기능에 따른 분류 3가지와 구조에 따른 분류 2가지를 쓰시오.

Answer

- 기능에 의한 분류 : 전압스위칭형 SPD, 전압제한형 SPD, 복합형 SPD
- 구조에 의한 분류 : 1포트형, 2포트형

Explanation

(내선규정 5,220) 과전압에 대한 보호
SPD는 기능에 따라 다음 3종류가 있다.
① 기능에 따른 분류
- 전압스위칭형 SPD : 서지가 없을 때에는 임피던스가 높은 상태이고, 전압서지가 있을 때는 임피던스가 급격히 낮아지는 기능을 가진 서지 보호장치로 에어갭, 가스방전 관, 사이리스터, 트라이액 등이 있다.
- 전압제한형 SPD : 서지가 없을 때는 임피던스가 높은 상태이고, 서지전류와 전압이 상승하면 임피던스가 연속적으로 감소하는 기능을 가진 서지보호장치로 배리스터, 억제 다이오드 등이 있다.
- 복합형 SPD : 전압제한형 소자와 전압스위칭형 소자를 갖는 서지 보호 장치로 인가 전압의 특성에 따라 전압제한, 전압스위치 또는 전압제한과 전압스위치의 동작을 모두 하는 것이 있으며, 가스방전관과 베리스터를 조합한 서지 보호 장치가 있다.

② 구조에 따른 분류
SPD는 회로에 접속한 단자형태에 따라 1포트 SPD와 2포트 SPD가 있다.

구분	특징	표시(예)
1포트 SPD	1단자대(또는 2단자)를 갖는 SPD로 보호할 기기에 대해 서지를 분류하도록 접속하는 것이다.	SPD
2포트 SPD	2단자대(도는 4단자)를 갖는 SPD로 입력 단자대와 출력 단자대 간에 직렬임피던스가 있다. 주로 통·신호계통에 사용되며 전원회로에 사용되는 경우는 드물다	SPD

30 배전용 변전소의 각종 전기 시설에는 접지를 하고 있다. 그 접지 목적을 3가지로 요약하여 적고, 접지 개소를 5개소만 적으시오.

- 접지 목적
  ①
  ②
  ③

- 접지 개소
  ①   ②   ③
  ④   ⑤

Answer

- 접지 목적
① 지락 및 단락 전류 등 고장 전류로부터 기기 보호
② 배전 변전소에서의 감전사고 및 화재사고를 방지
③ 보호 계전기의 확실한 동작 확보 및 전위 상승 억제

- 접지 개소
① 옥외철구
② 피뢰기
③ 차단기
④ 배전반
⑤ 계기용 변성기 2차측

Explanation

변전소 각 기기의 접지

대상 기기	접지 방법
피뢰기	접지망 교점 위치에 설치될 수 있도록 하고 접지도체는 최단거리로 접지망에 연결한다.
옥외철구	각 주(Post)마다 접지한다.
단로기의 조작함 및 핸들 가대	조작함 및 핸들 가대를 접지한다.
차단기	탱크와 설치 가대를 접지한다.
주변압기	탱크를 접지한다.
계기용변성기	단자함과 가대를 접지한다.
전력용콘덴서	개별 그룹별 중성점을 한데 묶어 1선으로 접지망에 짧게 연결한다.
분로리액터	탱크를 접지한다.
배전반	프레임(Frame)을 접지한다.
큐비클 및 옥내 파이프, 프레임	큐비클 내의 접지모선을 접지한다. 옥내 파이프 및 프레임은 각주마다 접지한다.
차폐 케이블	차폐층의 양단을 접지한다.
계기용변성기 2차측	중성점을 배전반 접지모선에 1점만 접지한다.
소내변압기	탱크 및 2차 측의 1단을 접지한다.
통신선	보호용 피뢰기의 접지측을 접지한다.
울타리	울타리 내의 모든 철재류는 접지한다.

31 ★★★★☆ 송전선로 전압을 154[kV]에서 345[kV]로 승압할 경우 송전선로에 나타나는 효과에 대하여 다음 물음에 답하시오.

(1) 전력손실이 동일한 경우 공급능력의 증대는 몇 배인지 구하시오.
  • 계산 :   • 답 :
(2) 전력손실의 감소는 몇 [%]인지 구하시오.
  • 계산 :   • 답 :
(3) 전압강하율의 감소는 몇 [%]인지 구하시오.
  • 계산 :   • 답 :

Answer

(1) 공급능력 $P \propto V = \dfrac{345}{154} = 2.24$ 답 : 2.24배

(2) 전력손실 $P_l \propto \dfrac{1}{V^2}$ $P_l' = \left(\dfrac{154}{345}\right)^2 P_l = 0.19925 P_l$
   따라서 전력손실 감소는 $(1-0.1993) \times 100 = 80.07[\%]$ 답 : 80.07[%]

(3) 전압강하율 $\delta \propto \dfrac{1}{V^2}$ $\delta' = \left(\dfrac{154}{345}\right)^2 \delta = 0.19925\delta$
   따라서 전압강하율 감소는 $(1-0.1993) \times 100 = 80.07[\%]$ 답 : 80.07[%]

Explanation

• 공급능력은 전류는 일정한 상태에서 전압만 상승시키는 것을 가정하므로 공급능력은 전압에 비례
  $P \propto V = \dfrac{345}{154} = 2.24$

• 전력손실은 전압의 제곱에 반비례 $P_l \propto \dfrac{1}{V^2}$

• 전압강하율은 전압의 제곱에 반비례 $\delta \propto \dfrac{1}{V^2}$

32 ★★★★☆ 3상 4선식 송전선에 1선의 저항이 10[Ω], 리액턴스가 20[Ω]이고, 송전단 전압이 6,600[V], 수전단 전압이 6,100[V]이었다. 수전단의 부하를 끊은 경우 수전단 전압이 6,300[V], 부하 역률이 0.8일 때 다음 질문에 답하시오.

(1) 전압 강하율[%]을 계산하시오.
  • 계산 :   • 답 :
(2) 전압 변동률[%]을 계산하시오.
  • 계산 :   • 답 :
(3) 이 송전선로의 수전 가능한 전력[kW]을 계산하시오.
  • 계산 :   • 답 :

Answer

(1) 계산 : 전압 강하율 : $\delta = \dfrac{V_s - V_r}{V_r} \times 100 = \dfrac{66-61}{61} \times 100 = 8.2[\%]$ 답 : 8.2[%]

(2) 계산 : 전압변동률 : $\epsilon = \dfrac{V_{r0} - V_r}{V_r} \times 100 = \dfrac{63-61}{61} \times 100 = 3.28[\%]$ 답 : 3.28[%]

(3) 계산 : 전압강하 $e = V_s - V_r = 6,600 - 6,100 = 500[V]$

$$e = \frac{P(R+X\tan\theta)}{V_r} \text{에서}$$

수전전력 $P = \frac{eV_r}{R+X\tan\theta} = \frac{500 \times 6{,}100}{10+20 \times \frac{0.6}{0.8}} \times 10^{-3} = 122[\text{kW}]$ 답 : 122[kW]

Explanation

- 전압 강하율 : $\delta = \dfrac{V_s - V_r}{V_r} \times 100[\%]$
- 전압 변동률 : $\epsilon = \dfrac{V_{r0} - V_r}{V_r} \times 100[\%]$

여기서, V_{r0} : 무부하 시 수전단의 전압

33 ★★★★☆

3상 3선식 6,600[V]인 변전소에서 저항 6[Ω] 리액턴스 8[Ω]의 송전선을 통하여 역률 0.8의 부하에 전력을 공급할 때 수전단 전압을 6,000[V] 이상으로 유지하기 위해서 걸 수 있는 부하는 최대 몇 [kW]까지 가능한지 계산하시오.

- 계산 :   • 답 :

Answer

계산 : 전압강하 $e = V_s - V_r = 6{,}600 - 6{,}000 = 600[\text{V}]$

$$e = \frac{P(R+X\tan\theta)}{V_r} \text{에서}$$

수전 가능 전력 $P = \dfrac{eV_r}{R+X\tan\theta} = \dfrac{600 \times 6{,}000}{6+8 \times \frac{0.6}{0.8}} \times 10^{-3} = 300[\text{kW}]$ 답 : 300[kW]

Explanation

전압강하 식 $e = V_s - V_r = \sqrt{3}\,I(R\cos\theta + X\sin\theta)\,[\text{V}]$에서
- 수전전력 $P_r = \sqrt{3}\,V_r I_r \cos\theta\,[\text{W}]$
- 전류 $I = \dfrac{P_r}{\sqrt{3}\,V_r \cos\theta}\,[\text{A}]$
- 전압강하 $e = \sqrt{3}\,I(R\cos\theta + X\sin\theta) = \sqrt{3}\,\dfrac{P_r}{\sqrt{3}\,V_r \cos\theta}(R\cos\theta + X\sin\theta) = \dfrac{P_r}{V_r}(R+X\tan\theta)\,[\text{V}]$

34 ★★★★☆

주어진 진리표는 3개의 리미트 스위치 LS_1, LS_2, LS_3에 입력을 주었을 때 출력 X와의 관계표이다. 이 표를 이용하여 다음 각 물음에 답하시오.

진리표			
LS_1	LS_2	LS_3	X
0	0	0	0
0	0	1	0
0	1	0	0
0	1	1	1
1	0	0	0
1	0	1	1
1	1	0	1
1	1	1	1

(1) 진리표를 이용하여 다음과 같은 Karnaugh도를 완성하시오.

LS₃ \ LS₁, LS₂	0 0	0 1	1 1	1 0
0				
1				

(2) 물음 (1)에서의 Karnaugh도에 대한 논리식을 쓰시오.
  • 답 :
(3) 진리값과 물음 (2)의 논리식을 이용하여 무접점 회로도를 그리시오.

Answer

(1)

LS₃ \ LS₁, LS₂	0 0	0 1	1 1	1 0
0			1	
1		1	1	1

(2) $X = LS_1 LS_2 + LS_2 LS_3 + LS_1 LS_3$

(3)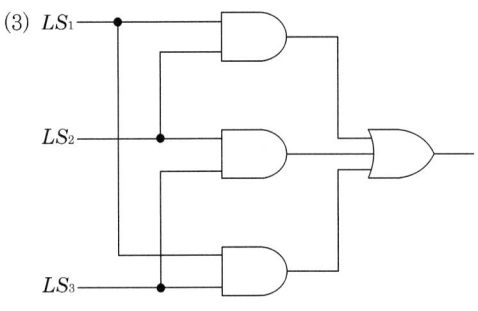

Explanation

카르노맵 : 묶음 단위를 2, 4, 8개 단위로 한다.

---

35 ★★★★☆
40[kVA], 3상 380[V], 60[Hz]용 전력용 콘덴서의 결선방식에 따른 용량을 [μF]으로 구하시오.

(1) △결선인 경우 C_1[μF]
  • 계산 :   • 답 :
(2) Y결선인 경우 C_2[μF]
  • 계산 :   • 답 :

Answer

(1) 계산 : $Q = 3EI_c = 3 \times E \times \dfrac{E}{\dfrac{1}{\omega C_1}} = 3\omega C_1 E^2 = 3\omega C_1 V^2$

$C_1 = \dfrac{Q}{3\omega V^2} = \dfrac{Q}{3 \times 2\pi f \times V^2} = \dfrac{40 \times 10^3}{3 \times 2\pi \times 60 \times 380^2} \times 10^6 = 244.93[\mu F]$ 답 : 244.93[μF]

(2) 계산 : $Q = 3EI_c = 3 \times E \times \dfrac{E}{\dfrac{1}{\omega C_2}} = 3\omega C_2 E^2 = 3\omega C_2 \left(\dfrac{V}{\sqrt{3}}\right)^2 = \omega C_2 V^2$

$C_2 = \dfrac{Q}{\omega V^2} = \dfrac{Q}{2\pi f \times V^2} = \dfrac{40 \times 10^3}{2\pi \times 60 \times 380^2} \times 10^6 = 734.79[\mu F]$ 답 : 734.79[μF]

Explanation

3상 콘덴서의 충전용량

$$Q_c = 3E \cdot I_c = 3E \frac{E}{X_c} = 3E \frac{E}{\frac{1}{\omega C}} = 3\omega CE^2 \times 10^{-3} [\text{kVA}]$$

(1) △결선인 경우($V = E$) : $Q_\Delta = 3\omega CE^2 = 3\omega CV^2$

(2) Y결선인 경우($V = \sqrt{3}\,E$) : $Q_Y = 3\omega CE^2 = 3\omega C \left(\dfrac{V}{\sqrt{3}}\right)^2 = \omega CV^2$

(3) △결선과 Y결선의 충전용량 비교하면 다음과 같다.

① $\dfrac{\Delta}{Y} = \dfrac{3\omega CV^2}{\omega CV^2} = 3$배

② $\dfrac{Y}{\Delta} = \dfrac{\omega CV^2}{3\omega CV^2} = \dfrac{1}{3}$배

36 ★★★★☆ 그림은 고압 수전설비의 단선결선도이다. 다음 각 물음에 답하시오.

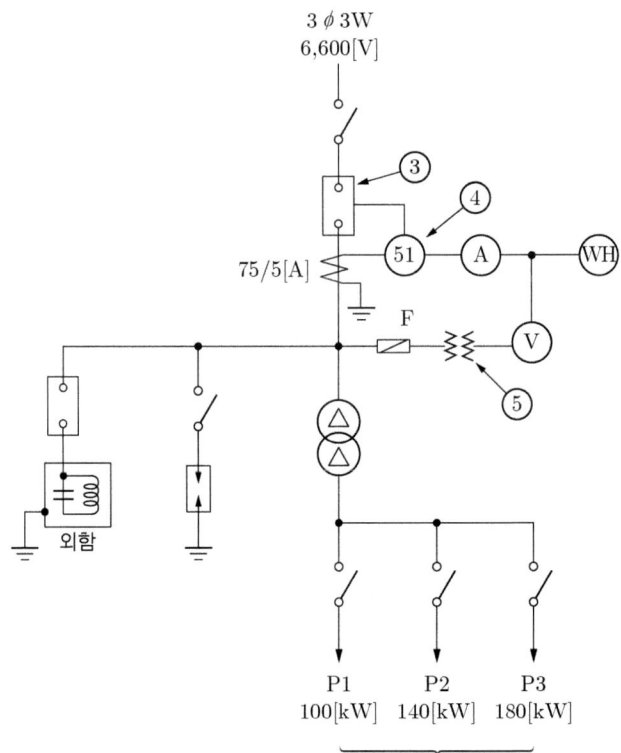

(1) 그림에서 ③~⑤의 명칭을 한글로 적으시오.
　　③　　　　　　　④　　　　　　　⑤

(2) 각 부하의 최대전력이 그림과 같고, 역률 0.8, 부등률 1.2일 때,
　① 변압기 1차 측의 전류계 Ⓐ에 흐르는 전류의 최댓값을 구하시오.
　　• 계산 :　　　　　　　　　• 답 :

② 동일한 조건에서 합성역률을 0.9 이상으로 유지하기 위한 전력용 커패시터의 최소용량[kVar]을 구하시오.
　　• 계산 :　　　　　　　　　　　　　　　• 답 :
(3) 단선도상의 피뢰기 정격전압과 방전전류는 얼마인지 적으시오.
　　• 정격전압 :　　　　　　　　　　　　　• 방전전류 :
(4) DC(방전코일)의 설치 목적을 적으시오.

Answer

(1) ③ 차단기
　　④ 과전류계전기
　　⑤ 계기용변압기

(2) ① 계산 : 최대전력 $[kW] = \dfrac{100+140+180}{1.2} = 350[kW]$

변류기 1차 전류 $I_1 = \dfrac{P}{\sqrt{3}\,V\cos\theta} = \dfrac{350\times 10^3}{\sqrt{3}\times 6{,}600\times 0.8} = 38.27[A]$

전류계 $= I_1 \times \dfrac{1}{CT비} = 38.27 \times \dfrac{5}{75} = 2.55[A]$　　　　　답 : 2.55[A]

② 계산 : 최대전력 $[kW] = \dfrac{100+140+180}{1.2} = 350[kW]$

콘덴서의 용량 $Q_c = P\left(\dfrac{\sqrt{1-\cos^2\theta_1}}{\cos\theta_1} - \dfrac{\sqrt{1-\cos^2\theta_2}}{\cos\theta_2}\right)$

$= 350 \times \left(\dfrac{\sqrt{1-0.8^2}}{0.8} - \dfrac{\sqrt{1-0.9^2}}{0.9}\right)$

$= 92.99[kVar]$　　　　　답 : 92.99[kVar]

(3) 정격전압 : 7.5[kV], 방전전류 : 2,500[A]
(4) 콘덴서에 축적된 잔류전하 방전

Explanation

• 최대전력 $= \dfrac{각 수용가의 최대전력의 합}{부등률}$

• 전력용 콘덴서의 설비
　– 방전코일(DC) : 콘덴서에 축적된 잔류 전하를 방전하여 감전사고 방지
　– 직렬 리액터(SR) : 제5고조파 제거
　– 전력용 콘덴서 : 부하의 역률 개선

• 전력용 콘덴서 용량

$Q_c = P(\tan\theta_1 - \tan\theta_2) = P\left(\dfrac{\sin\theta_1}{\cos\theta_1} - \dfrac{\sin\theta_2}{\cos\theta_2}\right) = P\left(\dfrac{\sqrt{1-\cos^2\theta_1}}{\cos\theta_1} - \dfrac{\sqrt{1-\cos^2\theta_2}}{\cos\theta_2}\right)[kVA]$

• 전류계에 흐르는 전류는 CT 2차 측에 설치하므로

전류계 전류 $= I_1 \times \dfrac{1}{CT비}$

• 내선규정 제3,250-2조 피뢰기
피뢰기에 흐르는 정격방전전류는 변전소의 차폐유무와 그 지방의 연간 뇌우(雷雨)발생일수와 관계되나 모든 요소를 고려한 경우 일반적인 시설장소별 적용할 피뢰기의 공칭방전전류는 다음과 같다.

설치장소별 피뢰기 공칭 방전전류

공칭방전전류	설치장소	적용 조건
10,000[A]	변전소	• 154[kV] 이상의 계통 • 66[kV] 및 그 이하의 계통에서 Bank 용량이 3,000[kVA]를 초과하거나 특히 중요한 곳 • 장거리 송전케이블(배전선로 인출용 단거리 케이블은 제외) 및 정전축전지 Bank를 개폐하는 곳
5,000[A]	변전소	66[kV] 및 그 이하의 계통에서 Bank 용량이 3,000[kVA] 이하인 곳
2,500[A]	선로	배전선로

【주】 전압 22.9[kV-y] 이하(22[kV] 비접지 제외)의 배전선로에서 수전하는 설비의 피뢰기 공칭방전전류는 일반적으로 2,500[A]의 것을 적용한다.

피뢰기의 정격전압

전력계통		피뢰기 정격전압[kV]	
전압[kV]	중성점 접지방식	변전소	배전선로
345	유효접지	288	
154	유효접지	144	
66	PC 접지 또는 비접지	72	
22	PC 접지 또는 비접지	24	
22.9	3상 4선식 다중접지	21	18
11.4	3상 4선식 다중접지	12	9
5.7	3상 4선식 다중접지	7.5	7.5
6.6	**비접지**	**7.5**	**7.5**
3.3	비접지	7.5	7.5(4.2)

【주】 전압 22.9[kV-y] 이하의 배전선로에서 수전하는 설비의 피뢰기 정격전

37 ★★★★☆
22.9[kV-Y] 수전설비의 부하 전류가 40[A]이다. 변류기(CT) 60/5[A]의 2차 측에 과전류계전기를 시설하여 120[%]의 과부하에서 부하를 차단시키고자 한다. 과전류 계전기의 전류 탭 설정 값을 구하시오.

• 계산 : • 답 :

계산 : $I_{Tap} = 40 \times \dfrac{5}{60} \times 1.2 = 4[A]$ 답 : 4[A]

Explanation

• 과전류 계전기의 전류 탭(I_{Tap})=부하전류(I)×$\dfrac{1}{변류비}$×설정값
• OCR(과전류 계전기)의 탭 전류
 2[A], 3[A], 4[A], 5[[A], 6[A], 7[A], 8[A], 10[A], 12[A]

38 ★★★★☆
폭 5[m], 길이 7.5[m], 천장 높이 3.5[m]의 방에 형광등 40[W] 4등을 설치하니 평균 조도가 100[lx]가 되었다. 40[W] 형광등 1등의 광속이 3,000[lm], 조명률이 0.5일 때 감광보상률을 계산하시오.

• 계산 : • 답 :

계산 : $D = \dfrac{FUN}{ES} = \dfrac{3{,}000 \times 0.5 \times 4}{100 \times 5 \times 7.5} = 1.6$ 답 : 1.6

Explanation

조명계산
$FUN = ESD$
여기서, F[lm] : 광속, U : 조명률, N : 등수
E[lx] : 조도, S[m²] : 면적, $D = \dfrac{1}{M}$: 감광보상률 $= \dfrac{1}{보수율}$

등수 $N = \dfrac{ESD}{FU}$ 이며 등수 계산에서 소수점은 무조건 절상한다.

3회 이상 출제
03 엄선된 필수 기출문제 75선

01 ★★★☆☆

누름버튼 스위치 PB_1, PB_2, PB_3에 의해서만 직접 제어되는 계전기 X_1, X_2, X_3가 있다. 이 계전기 3개가 모두 소자(복귀)되어 있을 때만 출력램프 L_1이 점등되고, 그 이외에는 출력램프 L_2가 점등되도록 계전기를 사용한 시퀀스 제어회로를 설계하려고 한다. 이때 다음 각 질문에 답하시오.

(1) 본문 요구조건과 같은 진리표를 작성하시오.

입력			출력	
X_1	X_2	X_3	L_1	L_2
0	0	0		
0	0	1		
0	1	0		
0	1	1		
1	0	0		
1	0	1		
1	1	0		
1	1	1		

(2) 최소 접점수를 갖는 논리식을 쓰시오.
- $L_1 =$
- $L_2 =$

(3) 논리식에 대응되는 계전기 시퀀스 제어회로(유접점 회로)를 그리시오(단, 스위치 및 접점을 그릴 때는 해당 문자 기호(예, PB_1, X_1 등)를 함께 쓴다).

| ─o⟋o─ PB | PB ─o⟋o─ | ─o⟋o─ X | X ─o⟋o─ |

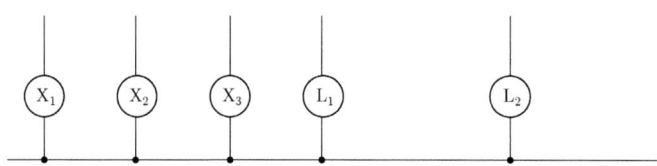

Answer

(1)

입력			출력	
X_1	X_2	X_3	L_1	L_2
0	0	0	1	0
0	0	1	0	1
0	1	0	0	1
0	1	1	0	1
1	0	0	0	1
1	0	1	0	1
1	1	0	0	1
1	1	1	0	1

(2) $L_1 = \overline{X_1} \cdot \overline{X_2} \cdot \overline{X_3}$

$L_2 = \overline{X_1} \cdot \overline{X_2} \cdot X_3 + \overline{X_1} \cdot X_2 \cdot \overline{X_3} + \overline{X_1} \cdot X_2 \cdot X_3$
$\quad + X_1 \cdot \overline{X_2} \cdot \overline{X_3} + X_1 \cdot \overline{X_2} \cdot X_3 + X_1 \cdot X_2 \cdot \overline{X_3} + X_1 \cdot X_2 \cdot X_3$
$\quad = X_1 + X_2 + X_3$

(3)
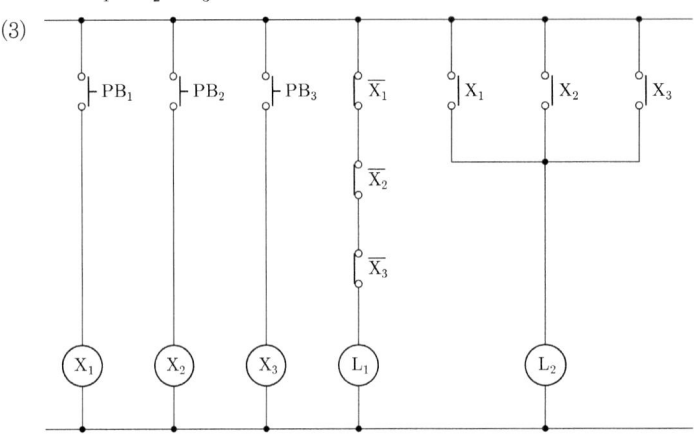

Explanation

• 최소 접점

$L_2 = \overline{X_1} \cdot \overline{X_2} \cdot X_3 + \overline{X_1} \cdot X_2 \cdot \overline{X_3} + \overline{X_1} \cdot X_2 \cdot X_3 + X_1 \cdot \overline{X_2} \cdot \overline{X_3}$
$\quad + X_1 \cdot \overline{X_2} \cdot X_3 + X_1 \cdot X_2 \cdot \overline{X_3} + X_1 \cdot X_2 \cdot X_3$

여기서, L_2의 논리식은 X_1, X_2, X_3 중 어느 하나 이상이면 동작이 되므로
$\quad = X_1 + X_2 + X_3$가 된다.

02 ★★★☆☆
유입 변압기에 비하여 몰드 변압기의 장점 및 단점을 각각 3가지씩 적으시오(단, 가격 또는 비용에 대한 내용은 답에서 제외한다).

(1) 장점
   ①
   ②
   ③

(2) 단점
  ①
  ②
  ③

Answer

(1) 장점
  ① 소형, 경량화 할 수 있다.
  ② 난연성이 우수하다. 내습, 내진성이 양호
  ③ 절연유를 사용하지 않으므로 유지보수가 용이
(2) 단점
  ① 충격파 내전압이 낮다.
  ② 대용량 제작과 옥외 설치가 어렵다.
  ③ 수지층에 차폐물이 없으므로 운전 중 코일 표면과 접촉하면 위험하다.

Explanation

몰드변압기(Mold Transformer)
고압권선과 저압권선을 모두 에폭시 수지로 몰드한 변압기
(1) 몰드변압기 장점
  ① 소형, 경량화 할 수 있다.
  ② 난연성이 우수하다. 내습, 내진성이 양호
  ③ 절연유를 사용하지 않으므로 유지보수가 용이
  ④ 전력손실이 적다.
  ⑤ 내습, 내진성이 양호
  ⑥ 단시간 과부하 내량이 높다.
(2) 단점
  ① 충격파 내전압이 낮다.
  ② 옥외설치 및 대용량제작이 곤란하다.
  ③ 수지층에 차폐물이 없으므로 운전 중 코일 표면과 접촉하면 위험하다.

03 ★★★☆☆
고압 수용가의 큐비클식 수전설비의 주 차단장치의 종류에 따른 분류 3가지만 쓰시오.
①
②
③

Answer

① CB형   ② PF-CB형   ③ PF-S형

Explanation

- 큐비클 : 폐쇄식 배전반. 배전반의 옆면 및 뒷면을 폐쇄하여 만든 것으로 모선, 계기용 변성기, 차단기 등을 하나의 함 내에 시설한 것
- 큐비클의 종류

종류	수전 용량	주 차단기
CB형	500[kVA] 이하	차단기를 사용한 것
PF-CB형	500[kVA] 이하	한류형 전력 퓨즈와 차단기를 조합 사용한 것
PF-S형	300[kVA] 이하	한류형 전력 퓨즈와 고압 개폐기를 사용한 것

04 ★★★☆☆

비상용 조명으로 40[W] 120등, 60[W] 50등을 30분간 사용하려고 한다. HS형 납축전지 1.7[V/셀]을 사용하여 허용 최저 전압을 90[V], 최저 축전지 온도를 5[℃]로 할 경우 주어진 참고자료를 이용하여 다음 각 물음에 답하시오.(단, 비상용 조명부하의 전압은 100[V]로 하고, 경년용량 저하율은 0.8로 한다)

납축전지 용량 환산 시간[K]

형식	온도[℃]	10분			30분		
		1.6[V]	1.7[V]	1.8[V]	1.6[V]	1.7[V]	1.8[V]
CS	25	0.9 0.8	1.15 1.06	1.6 1.42	1.41 1.34	1.6 1.55	2.0 1.88
	5	1.15 1.1	1.35 1.25	2.0 1.8	1.75 1.75	1.85 1.8	2.45 2.35
	−5	1.35 1.25	1.6 1.5	2.65 2.25	2.05 2.05	2.2 2.2	3.1 3.0
HS	25	0.58	0.7	0.93	1.03	1.14	1.38
	5	0.62	0.74	1.05	1.11	1.22	1.54
	−5	0.68	0.82	1.15	1.2	1.35	1.68

상단은 900[Ah]를 넘는 것(2,000[Ah]까지), 하단은 900[Ah] 이하인 것

(1) 비상용 조명 부하의 전류는 몇 [A]인지 구하시오.
- 계산 :
- 답 :

(2) HS형 납축전지는 몇 셀(cell)이 필요한지 구하시오(단, 1셀의 여유를 더 주도록 한다).
- 계산 :
- 답 :

(3) HS형 납축전지의 용량은 몇 [Ah]인지 구하시오.
- 계산 :
- 답 :

Answer

(1) 계산 : $I = \dfrac{P}{V}$ 에서 $I = \dfrac{40 \times 120 + 60 \times 50}{100} = 78[A]$

답 : 78[A]

(2) 계산 : $n = \dfrac{90}{1.7} = 52.94[cell]$ 따라서, 1셀의 여유를 주어 54[cell]로 정한다.

답 : 54[cell]

(3) 계산 : 표에서 용량 환산 시간 1.22 선정

축전지 용량 $C = \dfrac{1}{L}KI = \dfrac{1}{0.8} \times 1.22 \times 78 = 118.95[Ah]$

답 : 118.95[Ah]

Explanation

- $V = \dfrac{V_a + V_e}{n}$

  여기서, V_a : 부하의 최저 허용 전압
  V_e : 축전지와 부하 간의 전압강하
  n : 직렬로 접속된 cell 수

- 용량 환산 시간 HS형, 5[℃], 30[분], 1.7[V]의 난에서 1.22인 것을 알 수 있다.

형식	온도[℃]	10분			30분		
		1.6[V]	1.7[V]	1.8[V]	1.6[V]	**1.7[V]**	1.8[V]
HS	25	0.58	0.7	0.93	1.03	1.14	1.38
	5	0.62	0.74	1.05	1.11	**1.22**	1.54
	−5	0.68	0.82	1.15	1.2	1.35	1.68

- 축전지 용량

  $C = \dfrac{1}{L} KI[Ah]$

  여기서, C : 축전지의 용량[Ah]
  L : 보수율(경년용량 저하율)
  K : 용량환산 시간 계수
  I : 방전 전류[A]

05 그림은 154[kV] 계통의 절연 협조를 위한 각 기기의 절연 강도에 대한 비교 그림이다. 변압기, 선로애자, 개폐기 지지애자, 피뢰기 제한전압이 속해 있는 부분은 어느 곳인지 그림의 □ 안에 적으시오.

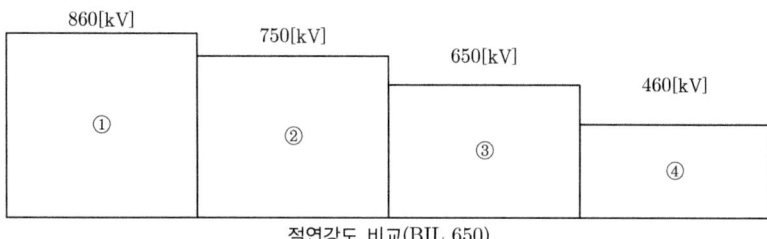

절연강도 비교(BIL 650)

Answer

① 선로애자   ② 개폐기 지지애자
③ 변압기   ④ 피뢰기 제한전압

Explanation

절연 협조(insulation coordination)
- 계통의 각 기기는 자체의 기능에서 요구되는 절연 강도뿐만 아니라 만일 사고가 발생하더라도 그 범위를 최소한으로 억제해서 계통 전체의 신뢰도를 높이고 또한 경제적이고 합리적인 절연 강도가 되게끔 기기 상호 간에 절연의 협조를 잘 도모해 줄 필요가 있다. 이와 같이 계통 내의 각 기기, 기구 및 애자 등의 상호 간에 적정한 절연 강도를 지니게끔 함으로써 계통의 설계를 합리적, 경제적으로 할 수 있게 한 것
- 절연 협조의 기본 : 피뢰기의 제한전압
- 절연 협조(154[kV])의 예

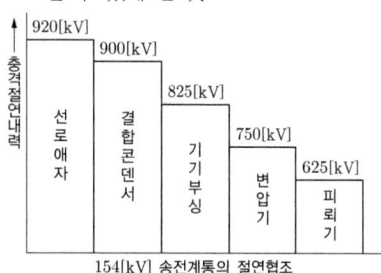

154[kV] 송전계통의 절연협조

06 송전계통의 중성점 접지방식 중 유효접지(effective grounding)방식을 설명하고, 유효접지의 가장 대표적인 접지방식을 쓰시오.

- 유효접지 :   • 대표적인 접지방식 :

Answer

- 유효접지 : 1선 지락 고장 시 건전상 전압이 상규 대지전압의 1.3배를 넘지 않도록 중성점 임피던스를 조절해서 접지하는 방식
- 대표적인 접지방식 : 직접접지방식

Explanation

- 유효접지 : 1선 지락 사고 시 건전상의 전압상승이 상규 대지전압의 1.3배를 넘지 않도록 접지 임피던스를 조절해서 접지하는 것(직접접지방식)

  유효접지 조건식 : $\dfrac{R_0}{X_1} \leqq 1, \ 0 \leqq \dfrac{X_0}{X_1} \leqq 3$

- 직접접지 방식(유효접지 방식) : 우리나라 송전선로의 대부분을 차지하며 154[kV], 345[kV] 등에 사용
- 직접접지의 장·단점
  1) 장점
     - 1선 지락 시 건전상의 대지 전위 상승이 낮다.(전로나 기기의 절연레벨 경감)
     - 중성점을 0전위로 유지 가능하므로 단절연이 가능하다.
     - 보호계전기의 신속동작(고속도 차단)이 가능하다.
     - 정격이 낮은 피뢰기 사용할 수 있다.
  2) 단점
     - 지락전류가 크다.
     - 통신 유도장해가 크다.(최대)
     - 과도 안정도가 낮다.
     - 지락전류가 저역률의 대전류이므로 기기의 충격이 크다.
     - 송전선로의 사고의 대부분이 1선 지락 사고이므로 차단기의 빈번한 동작으로 차단기 수명이 경감된다.

07 ★★★☆☆ 그림은 어느 수전설비의 단선 결선도로서 일부가 생략된 도면이다. 이 도면을 보고 다음 각 물음에 답하시오.

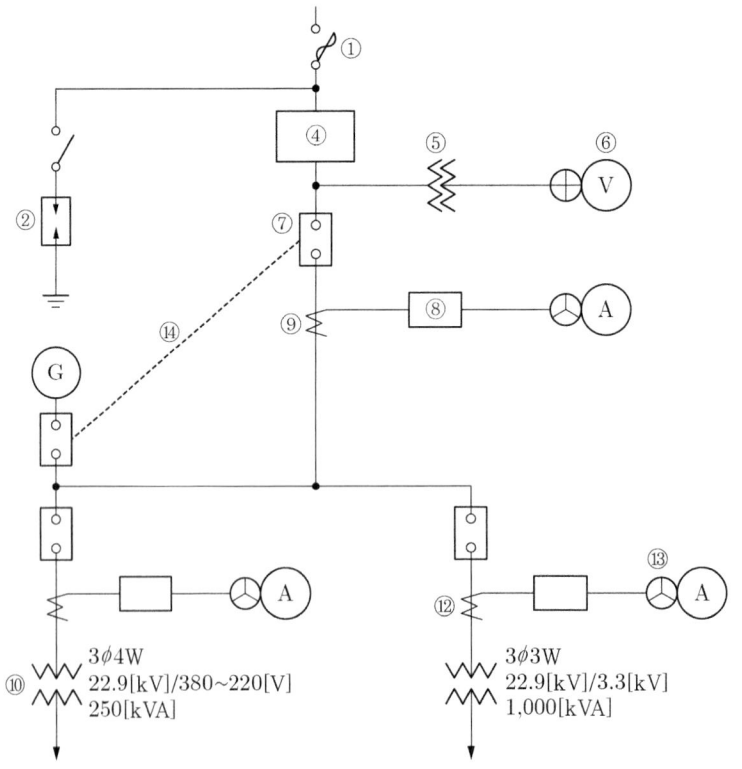

〈계기용 변압기의 정격전압〉

정격 1차 전압[V]	정격 2차 전압[V]
$380/\sqrt{3},\ 11,400/\sqrt{3},\ 22,900/\sqrt{3},\ 66,000/\sqrt{3},\ 154,000/\sqrt{3}$	110

<변류기의 정격전류>

정격 1차 전류[A]	정격 2차 전류[A]
5, 10, 15, 20, 30, 40, 50, 75, 100, 150, 200	5

(1) ①~②, ④~⑨, ⑬에 해당되는 부분의 명칭과 그 용도를 쓰시오.

순번	명칭	용도
①		
②		
④		
⑤		
⑥		
⑦		
⑧		
⑨		
⑬		

(2) ⑤에 해당되는 기기의 1차와 2차 정격전압[V]을 선정하시오.
 • 1차 :   • 2차 :

(3) ⑩의 변압기에 대한 2차측 결선은 어떤 결선으로 하여야 하는지 적으시오.

(4) ⑪, ⑫에 해당되는 변류기의 변류비를 선정하시오(단, CT의 1차 정격전류는 부하 정격전류의 150[%]로 한다).

 1) ⑪ 변류기
 • 계산 :   • 답 :

 2) ⑫ 변류기
 • 계산 :   • 답 :

(5) ⑭와 같이 점선으로 연결된 것을 무엇이라 하며, 이렇게 하는 목적은 무엇 때문인지 쓰시오.

Answer

(1)

번호	명칭	용도
①	전력 퓨즈	일정한 값 이상의 과전류 및 단락 전류를 차단
②	피뢰기	이상 전압이 내습하면 이를 대지로 방전하고 속류를 차단
④	전력 수급용 계기용변성기	전력량계를 위한 PT와 CT를 한 탱크 안에 넣은 것
⑤	계기용변압기	고전압을 저전압으로 변성하여 계기 및 계전기 등의 전원 공급
⑥	전압계용 전환 개폐기	1대의 전압계로 3상 각 상의 전압을 측정하기 위한 전환 개폐기
⑦	차단기	단락사고, 과부하, 지락사고 등 사고 전류와 부하 전류를 차단하기 위한 장치
⑧	과전류계전기	정정값 이상의 전류가 흐르면 동작하여 차단기의 트립코일 여자
⑨	변류기	대전류를 소전류로 변성하여 계기 및 계전기에 전원 공급
⑬	전류계용 전환 개폐기	1대의 전류계로 3상 각 상의 전류를 측정하기 위한 전환 개폐기

(2) 1차 전압 : $\dfrac{22,900}{\sqrt{3}}$ [V], 2차 전압 110[V]

(3) Y결선

(4) ⑪ 계산 : $I_1 = \dfrac{250}{\sqrt{3} \times 22.9} = 6.3[\text{A}]$

∴ $6.3 \times 1.5 = 9.45[\text{A}]$이므로 변류비 10/5 선정

답 : 변류비 10/5

⑫ 계산 : $I_1 = \dfrac{1,000}{\sqrt{3} \times 22.9} = 25.21[\text{A}]$

∴ $25.21 \times 1.5 = 37.82[\text{A}]$이므로 변류비 40/5 선정

답 : 변류비 40/5

(5) 상용 전원과 예비 전원의 동시 투입을 방지한다(인터록).

Explanation

- PT 비 : 상전압 비로 계산

    22,900[V]의 경우 : $\dfrac{22,900}{\sqrt{3}} \Big/ \dfrac{190}{\sqrt{3}} = 13,200/110$

- 전압 380/220(선간전압/상전압)이므로 변압기는 Y결선
- CT 1차 측 정격전류
  5, 10, 15, 20, 30, 40, 50, 75, 100, 150, 200, 300, 400, 500 [A]
- 문제에서 CT 1차 측 전류는 실제 1차 전류 값이다.

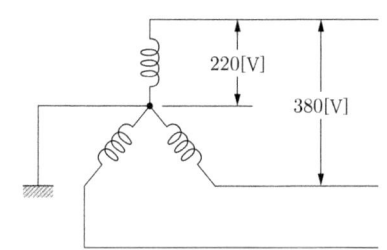

08 ★★★☆☆

전선의 굵기가 다른 NR 4.0[㎟] 4본과 6.0[㎟] 3본을 동일 전선관에 배선하고자 한다. 이때 다음 질문에 답하여라.

【표1】

전선의 굵기	단면적[㎟]	보정계수
4.0[㎟]	17	2.0
6.0[㎟]	21	1.2
10[㎟]	35	1.2

【표2】

전선관의 굵기	내단면적의 32[%]	내단면적의 48[%]
16	67	101
22	120	180
28	201	301
36	342	513
42	460	690

(1) 전선관의 최소 규격을 구하시오.
(2) 금속관을 구부릴 때 곡률 반지름은 관 안지름의 몇 배 이상이어야 하는가?

Answer

(1) 【표1】에서 보정계수를 적용하면

  4[㎟] 4가닥 : $17 \times 4 \times 2.0 = 136[\text{㎟}]$
  6[㎟] 3가닥 : $21 \times 3 \times 1.2 = 75.6[\text{㎟}]$
  합계 : $136 + 75.6 = 211.6[\text{㎟}]$

  【표2】에서 후강 전선관 내단면적 32[%]에서 342[㎟] 난의 36[㎜]로 선정한다.

(2) 6배

Explanation

금속관의 굵기 선정
금속관에 넣은 전선의 단면적(절연 피복의 단면적을 포함)의 합계는 동일 굵기의 전선의 경우 금속관 내부 단면적의 48[%] 이하이며 다른 굵기의 전선의 경우 금속관 내부 단면적의 32[%] 이하일 것
☞ **변경된 기준** : 케이블 또는 절연도체의 내부 단면적이 금속관 단면적의 1/3을 초과하지 않도록 하는 것이 바람직하다. (KS C IEC/TS 61200-52의 521.6 표준 준용)
(KEC 234.12조) 금속관공사
금속관을 구부릴 때 금속관의 단면이 심하게 변형되지 않도록 구부려야 하며 **그 안측의 반지름은 관 안지름의 6배 이상이 되어야 한다.** 다만, 전선관의 지름이 25[㎜] 이하이고 건조물의 구조상 부득이한 경우는 관의 내부 단면이 현저하게 변형되지 않고 관에 금이 생기지 않을 정도까지 구부릴 수 있다.

09 전력퓨즈(Power Fuse)에 대한 다음 각 물음에 답하시오.

(1) 전력퓨즈의 주요한 역할을 크게 2가지로 구분하여 적으시오.
-
-

(2) 전력퓨즈의 가장 큰 단점을 적으시오.

(3) 표는 개폐장치(기구)의 동작 가능한 곳에 ○표를 한 것이다. ①~③은 어떤 개폐장치인지 적으시오.

기능 \ 능력	회로 분리		사고 차단	
	무부하	부하	과부하	단락
퓨즈	○			○
① ( )	○	○	○	○
② ( )	○	○	○	
③ ( )	○			

(4) 큐비클의 종류 중 PF-S형 큐비클은 주 차단장치로서 어떤 것들을 조합하여 사용하는지 적으시오.

Answer

(1) • 부하전류는 안전하게 통전한다.
 • 어떤 일정값 이상의 과전류는 차단하여 전로나 기기를 보호한다.
(2) 재투입이 불가능하다.
(3) ① 차단기
 ② 개폐기
 ③ 단로기
(4) 한류형 전력 퓨즈와 고압개폐기

Explanation

(내선규정 3,220-5) 전력 퓨즈
• 전력 퓨즈(Power Fuse)

장점	단점
• 한류 효과가 크다.	• 재투입이 불가능하다.
• 고속도 차단할 수 있다.	• 차단 시 과전압을 발생한다.
• 소형이며 차단 용량이 크다.	• 순간적인 과도전류에 용단하기 쉽다.
• 소형, 경량이다.	• 동작 시간-전류 특성을 계전기처럼 자유롭게 조정할 수 없다.

• 전력 퓨즈의 특성
 ① 용단 특성
 ② 단시간 허용 특성
 ③ 전차단 특성
• 전력 퓨즈의 정격 전류 표준값[A]
 1, 2, 3, 5, 7, 10, 15, 20, 25, 30, 40, 50, 65, 80, 100, 125, 150, 200, 250, 300, 400
• 전자 접촉기(MC) : 개폐기와 같은 특성
• 큐비클의 종류

종류	수전 용량	주 차단기
CB형	500[kVA] 이하	차단기를 사용한 것
PF-CB형	500[kVA] 이하	한류형 전력 퓨즈와 차단기를 조합 사용한 것
PF-S형	300[kVA] 이하	한류형 전력 퓨즈와 고압 개폐기를 사용한 것

10 ★★★☆☆ 그림과 같이 V결선과 Y결선된 변압기 한 상의 중심에서 110[V]를 인출하여 사용하고자 한다. 다음 각 물음에 답하시오(단, 3상 평형조건이고, 상순은 $a-b-c$ 이다).

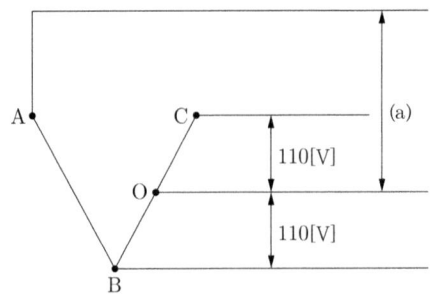 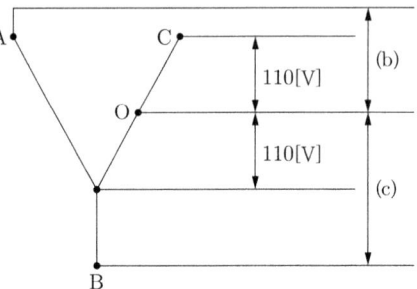

(1) (a)의 전압[V]을 구하시오.
- 계산 :
- 답 :

(2) (b)의 전압[V]을 구하시오.
- 계산 :
- 답 :

(3) (c)의 전압[V]을 구하시오.
- 계산 :
- 답 :

Answer

(1) 계산 : $V_{AO} = V_A - V_O = V_{AB} + V_{BO} = V_A - V_B + V_B - V_O$
$= 220\angle 0° + 110\angle -120°$
$= 220[\cos 0° + j\sin 0°] + 110\left[\cos\left(-\frac{2}{3}\pi\right) + j\sin\left(-\frac{2}{3}\pi\right)\right]$
$= 220 + (-55 - j55\sqrt{3}) = 165 - j55\sqrt{3}$
$= \sqrt{165^2 + (55\sqrt{3})^2} = 190.53[V]$

답 : 190.53[V]

(2) 계산 : $V_{AO} = V_A - V_O = 220\angle 0° - 110\angle 120°$
$= 220(\cos 0° + j\sin 0°) - 110(\cos 120° + j\sin 120°)$
$= 220 - 110\left(-\frac{1}{2} + j\frac{\sqrt{3}}{2}\right) = 275 - j55\sqrt{3}$
$= \sqrt{275^2 + (55\sqrt{3})^2} = 291.03[V]$

답 : 291.03[V]

(3) 계산 : $V_{BO} = V_B - V_O = 220\angle -120° - 110\angle 120°$
$= 220[\cos 120° - j\sin 120°] - 110[\cos 120° + j\sin 120°]$
$= 110\left(-\frac{1}{2} - j\frac{\sqrt{3}}{2}\right) - 220\left(-\frac{1}{2} + j\frac{\sqrt{3}}{2}\right) = 55 - j165\sqrt{3}$
$= \sqrt{55^2 + (165\sqrt{3})^2} = 291.03$

답 : 291.03[V]

Explanation

(1) 선간전압은 두 상전압의 차이므로
$V_{AO} = V_A - V_O = V_{AB} + V_{BO} = V_A - V_B + V_B - V_O$

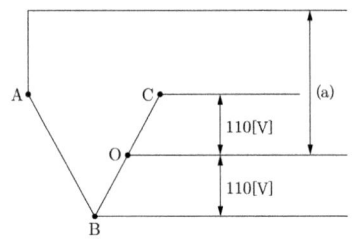

(2), (3)

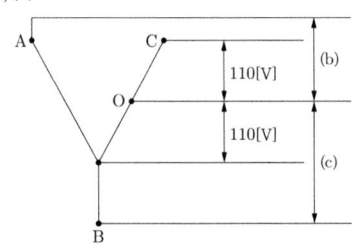

$V_{AO} = V_A - V_O = 220\angle 0° - 110\angle 120°$
$V_{BO} = V_B - V_O = 220\angle -120° - 110\angle 120°$

11 ★★★☆☆ 그림과 같은 단상 3선식 110/220[V] 선로에 부하가 접속되어 있다. 이 선로 설비의 설비불평형률은 몇 [%]인지 구하시오(단, 부하는 모두 전등부하라고 한다).

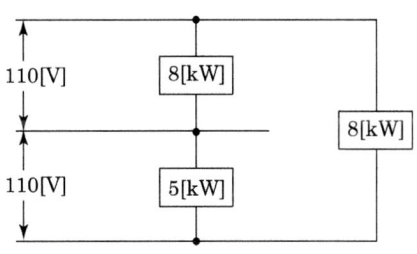

• 계산 :   • 답 :

Answer

계산 : 설비 불평형률 = $\dfrac{8-5}{(8+5+8) \times \dfrac{1}{2}} \times 100 = 28.57[\%]$ 답 : 28.57[%]

Explanation

(내선규정 1,410-1) 설비 부하평형의 시설
• 저압 수전 단상 3선식에서 설비 불평형률

설비불평형률 = $\dfrac{중성선과 \ 각 \ 전압측 \ 전선간에 \ 접속되는 \ 부하설비용량[kVA]의 \ 차}{총 \ 부하설비용량kVA의1/2} \times 100[\%]$

여기서, 불평형은 40[%] 이하이어야 한다.
• 전등부하 : 역률 1로 간주

12 ★★★☆☆ 정격전류 15[A]인 유도전동기 1대와 정격전류 3[A]인 전열기 4대에 공급하는 저압 옥내간선을 보호할 과전류차단기의 정격전류 최댓값[A]를 구하시오.

• 계산 :   • 답 :

Answer

계산 : 회로의 설계전류 $I_B = I_M + I_H = 15 + 3 \times 4 = 27[A]$

$I_B \leq I_n \leq I_Z$ 에서

과전류 차단기의 정격전류(I_n)

$I_B \leq I_n \leq I_Z$ 이므로 $27 \leq I_n$

답 : 27[A]

Explanation

과부하전류에 대한 보호
① 도체와 과부하 보호장치 사이의 협조
  과부하에 대해 케이블(전선)을 보호하는 장치의 동작 특성
  - $I_B \leq I_n \leq I_Z$
  - $I_2 \leq 1.45 \times I_Z$
  여기서, I_B : 회로의 설계전류
        I_Z : 케이블의 허용전류
        I_n : 보호장치의 정격전류
        I_2 : 보호장치가 규약시간 이내에 유효하게 동작하는 것을 보장하는 전류

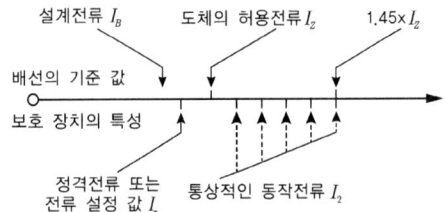

13 ★★★☆ 다음 그림은 154[kV]를 수전하는 어느 공장의 수전설비 도면의 일부분이다. 이 도면을 보고 다음 각 질문에 답하시오.

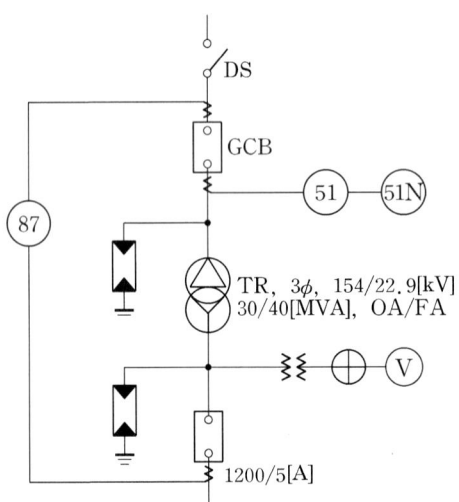

(1) 그림에서 87과 51N의 명칭을 적으시오.
  - 87 :
  - 51N :

(2) 154/22.9[kV] 변압기에서 FA 용량 기준으로 154[kV] 측의 전류와 22.9[kV] 측의 전류는 몇 [A]인지 계산하시오.

〈154[kV] 측〉
- 계산 :
- 답 :

〈22.9[kV] 측〉
- 계산 :
- 답 :

(3) GCB에는 주로 절연재료로 어떤 가스를 사용하는지 적으시오.
(4) △-Y 변압기의 복선도를 그려 완성하시오.

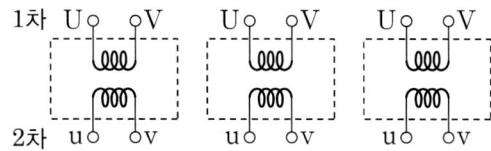

Answer

(1) 87 : 전류차동계전기
　　51N : 중성점 과전류계전기

(2) 〈154[kV] 측〉

　계산 : $I = \dfrac{40{,}000}{\sqrt{3} \times 154} = 149.96[A]$　　　　　　　답 : 149.96[A]

　〈22.9[kV] 측〉

　계산 : $I = \dfrac{40{,}000}{\sqrt{3} \times 22.9} = 1008.47[A]$　　　　　　답 : 1,008.47[A]

(3) SF_6(육불화황)가스

(4)

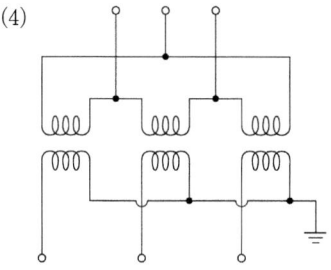

Explanation

- 배전용 변전소 : 154/22.9[kV] 변전소
- 87 : 전류차동계전기
　87T : 주변압기 차동 계전기
　87B : 모선보호 차동계전기
　87G : 발전기 차동 계전기
- 주변압기 30/40[MVA], OA/FA의 의미
　- 유입 자냉식에서는 용량이 30[MVA]로 사용
　- 유입 풍랭식에서는 용량이 40[MVA]로 사용

14 ★★★☆☆ 지중전선로를 시설할 때 다음 각 항의 매설깊이에 대하여 쓰시오.

(1) 관로식에 의하여 시설하는 경우 최소 매설 깊이
(2) 직접 매설식에 의하여 시설하는 경우 최소 매설 깊이(중량물의 압력을 받을 우려가 있는 장소)

Answer

(1) 1[m] 이상
(2) 1[m] 이상

Explanation

(KEC 334.1조) 지중 전선로의 시설
① 지중전선로는 전선에 케이블을 사용하고 관로식, 암거식, 직접 매설식에 의하여 시설한다.
② 지중전선로를 **관로식에 의하여 시설하는 경우는 매설 깊이를 1.0[m] 이상**으로 한다.
③ 지중전선로를 **직접 매설식에 의하여 시설하는 경우는** 매설 깊이를 차량, 기타 중량물의 압력을 받는 경우는 **1[m] 이상**으로 하고 기타장소는 0.6[m] 이상의 깊이에 매설한다.

---

15 ★★★☆☆ 수용가가 당초 역률(지상) 80[%]로 100[kW]의 부하를 사용하고 있었는데 새로 역률(지상) 60[%], 70[kW]의 부하를 추가하여 사용하게 되었다. 이때 콘덴서로 합성 역률을 90[%]로 개선하는 데 필요한 용량은 몇 [kVA]인지 구하시오.

• 계산 :   • 답 :

Answer

계산 : 유효전력 $P = P_1 + P_2 = 100 + 70 = 170\,[\text{kW}]$

무효전력 $Q = Q_1 + Q_2 = P_1 \tan\theta_1 + P_2 \tan\theta_2$

$= 100 \times \dfrac{0.6}{0.8} + 70 \times \dfrac{0.8}{0.6} = 168.33\,[\text{kVar}]$

합성용량 $P_a = \sqrt{P^2 + Q^2} = \sqrt{170^2 + 168.33^2} = 239.24\,[\text{kVA}]$

합성역률 $\cos\theta = \dfrac{P}{P_a} \times 100 = \dfrac{170}{239.24} \times 100 = 71.06\,[\%]$

콘덴서 용량 $Q_c = P(\tan\theta_1 - \tan\theta_2) = P\left(\dfrac{\sqrt{1-\cos^2\theta_1}}{\cos\theta_1} - \dfrac{\sqrt{1-\cos^2\theta_2}}{\cos\theta_2}\right)\,[\text{kVA}]$

$= 170 \times \left(\dfrac{\sqrt{1-0.7106^2}}{0.7106} - \dfrac{\sqrt{1-0.9^2}}{0.9}\right) = 85.99\,[\text{kVA}]$

답 : 85.99[kVA]

Explanation

• 불평형 부하 계산 : 1대의 주상 변압기에 역률(뒤짐) $\cos\theta_1$, 유효 전력 P_1[kW]의 부하와 역률(뒤짐) $\cos\theta_2$, 유효 전력 P_2[kW]의 부하가 병렬로 접속되어 있을 경우
 – 유효전력 : $P = P_1 + P_2\,[\text{kW}]$
 – 무효전력 : $Q = P_1 \tan\theta_1 + P_2 \tan\theta_2\,[\text{kVar}]$
 – 피상전력 : $P_a = \sqrt{P^2 + Q^2} = \sqrt{(P_1+P_2)^2 + (P_1\tan\theta_1 + P_2\tan\theta_2)^2}\,[\text{kVA}]$
 – 역률 : $\cos\theta = \dfrac{P}{P_a} = \dfrac{P_1 + P_2}{\sqrt{(P_1+P_2)^2 + (P_1\tan\theta_1 + P_2\tan\theta_2)^2}} \times 100\,[\%]$

• 역률 개선 용 콘덴서의 용량(유효전력이 주어진 경우)

$Q_c = P(\tan\theta_1 - \tan\theta_2) = P\left(\dfrac{\sqrt{1-\cos^2\theta_1}}{\cos\theta_1} - \dfrac{\sqrt{1-\cos^2\theta_2}}{\cos\theta_2}\right)\,[\text{kVA}]$

- 역률 개선 용 콘덴서의 용량(변압기의 전용량까지 사용하는 경우)
  - 역률 개선 전 무효전력 $Q_1 = P_a \sin\theta_1 [\text{kVar}]$
  - 역률 개선 후 무효전력 $Q_2 = P_a \sin\theta_2 [\text{kVar}]$
  - 콘덴서의 용량 $Q_c = Q_1 - Q_2 [\text{kVA}]$
- 역률 개선 용 콘덴서의 용량(유효전력이 주어진 경우)

$$Q_c = P(\tan\theta_1 - \tan\theta_2) = P\left(\frac{\sqrt{1-\cos^2\theta_1}}{\cos\theta_1} - \frac{\sqrt{1-\cos^2\theta_2}}{\cos\theta_2}\right)[\text{kVA}]$$

- 역률 개선 용 콘덴서의 용량(변압기의 전용량까지 사용하는 경우)
  - 역률 개선 전 무효전력 $Q_1 = P_a \sin\theta_1 [\text{kVar}]$
  - 역률 개선 후 무효전력 $Q_2 = P_a \sin\theta_2 [\text{kVar}]$
  - 콘덴서의 용량 $Q_c = Q_1 - Q_2 [\text{kVA}]$

16 다음 각 항목을 측정하는 데 가장 알맞은 계측기 또는 측정방법을 쓰시오.

(1) 변압기의 절연저항 :
(2) 검류계의 내부저항 :
(3) 전해액의 저항 :
(4) 배전선의 전류 :
(5) 접지극 접지저항 :

Answer

(1) 절연저항계(메거)
(2) 휘스톤 브리지
(3) 콜라우시 브리지
(4) 후크온 메터
(5) 콜라우시 브리지

Explanation

각종 저항 측정 방법
- 캘빈더블브리지 : 굵은 나전선의 저항
- 휘스톤 브리지 : 수천 옴의 가는 전선의 저항, 검류계의 내부저항
- 콜라우시 브리지 : 전해액의 저항, 접지저항
- 메거(절연저항계) : 절연저항
- 후크 온(Hook-On) 메타 : 활선상태에서의 전류측정

17 계전기에 최소 동작값을 넘는 전류를 인가하였을 때부터 그 접점을 닫을 때까지 요하는 시간, 즉 동작시간을 한시 또는 시한이라고 한다. 다음 그림은 계전기를 한시 특성으로 분류하여 그린 것이다. 특성에 맞는 곡선에 해당하는 계전기의 명칭을 적으시오.

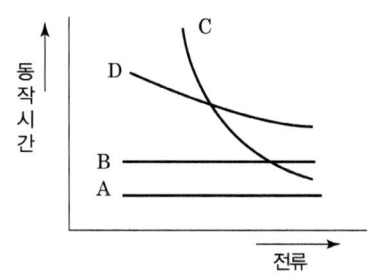

특성 곡선	계전기 명칭
A	
B	
C	
D	

Answer

특성 곡선	계전기 명칭
A	순한시 계전기
B	정한시 계전기
C	반한시 계전기
D	반한시성 정한시 계전기

Explanation

보호계전기 동작시한에 의한 분류
계전기에 정해진 최소 동작전류 이상의 전류 또는 전압이 인가되었을 때부터 신호용 접점을 동작시킬 때까지의 시간을 한시(Time Limit)라 하며 다음과 같이 분류한다.
- 순한시 계전기 : 고장이 생기면 즉시 동작하는 고속도 계전기로 0.3초 이내에 동작하는 계전기
- 정한시 계전기 : 일정 전류 이상이 되면 크기에 관계없이 일정시간 후 동작하는 계전기
- 반한시 계전기 : 전류가 크면 동작 시한이 짧고 전류가 작으면 동작 시한이 길어지는 계전기
- 반한시성 정한시 계전기 : 동작전류가 적은 동안은 반한시 계전기이고 동작전류가 커지면 정한시 계전기

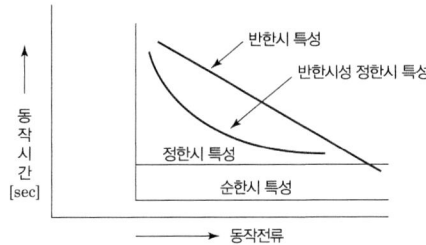

18 수전실 등의 시설과 관련하여 변압기, 배전반 등 수전설비는 보수점검에 필요한 공간 및 방화상 유효한 공간을 관리하기 위하여 주요 부분이 유지하여야 할 거리를 정하고 있다. 다음 표에 기기별 최소유지 거리를 쓰시오.

기기별 \ 위치별	앞면 또는 조작·계측면	뒷면 또는 점검면	열상호간(점검하는 면)
특고압 배전반	[m]	[m]	[m]
저압 배전반	[m]	[m]	[m]

Answer

기기별 \ 위치별	앞면 또는 조작·계측면	뒷면 또는 점검면	열상호간(점검하는 면)
특고압 배전반	1.7[m]	0.8[m]	1.4[m]
저압 배전반	1.5[m]	0.6[m]	1.2[m]

Explanation

(내선규정 제3,220-2) 수전설비의 배전반 등의 최소유지거리

위치별 기기별	앞면 또는 조작·계측면	뒷면 또는 점검면	열상호간(점검하는 면)	기타의 면
특별고압 배전반	1.7	0.8	1.4	
고압 배전반	1.5	0.6	1.2	
저압 배전반	1.5	0.6	1.2	
변압기 등	0.6	0.6	1.2	0.3

【비고 1】 앞면 또는 조작계측 면은 배전반 앞에서 계측기를 판독할 수 있거나 필요조작을 할 수 있는 최소거리임

【비고 2】 뒷면 또는 점검 면은 사람이 통행할 수 있는 최소거리임. 무리 없이 편안히 통행하기 위하여 0.9[m] 이상으로 함이 좋다.

【비고 3】 열상호간(점검하는 면)은 기기류를 2열 이상 설치하는 경우를 말하며, 배전반류의 내부에 기기가 설치되는 경우는 이의 인출을 대비하여 내장기기의 최대 폭에 적절한 안전거리(통상 0.3[m] 이상)를 가산한 거리를 확보하는 것이 좋다.

【비고 4】 기타 면은 변압기 등을 벽 등에 연하여 설치하는 경우 최소 확보거리이다. 이 경우도 사람의 통행이 필요할 경우는 0.6[m] 이상으로 함이 바람직하다.

19 ★★★☆☆
다음은 갭형 피뢰기와 갭레스형 피뢰기의 구조를 나타낸 것이다. 화살표로 표시된 각 부분의 명칭을 적으시오.

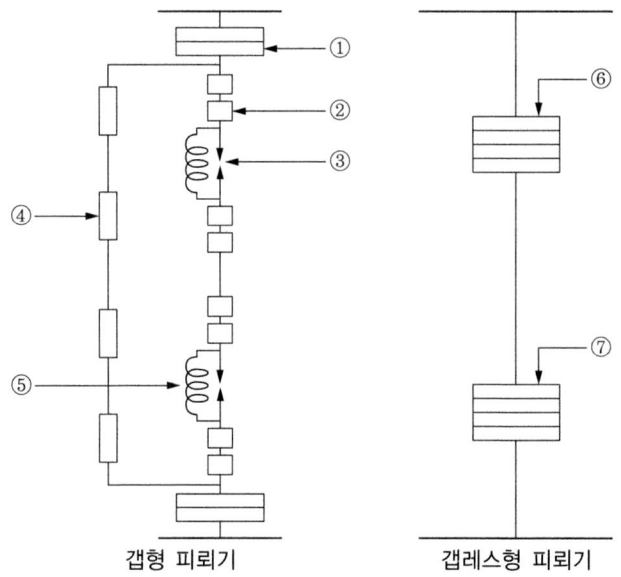

갭형 피뢰기 / 갭레스형 피뢰기

Answer

① 특성요소   ② 주갭   ③ 측로갭
④ 분로저항   ⑤ 소호 코일   ⑥ 특성요소
⑦ 특성요소

Explanation

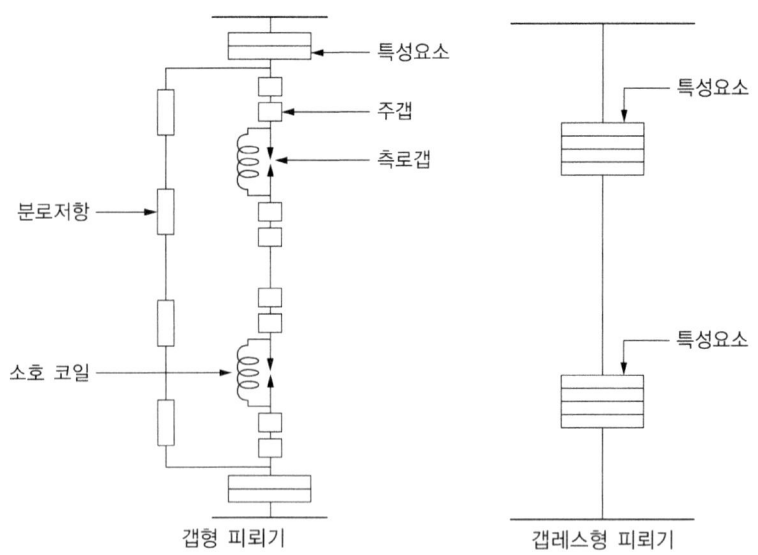

20 ★★★☆☆ 그림과 같은 3상 유도전동기의 미완성 시퀀스 회로도를 보고 다음 각 물음에 답하시오.

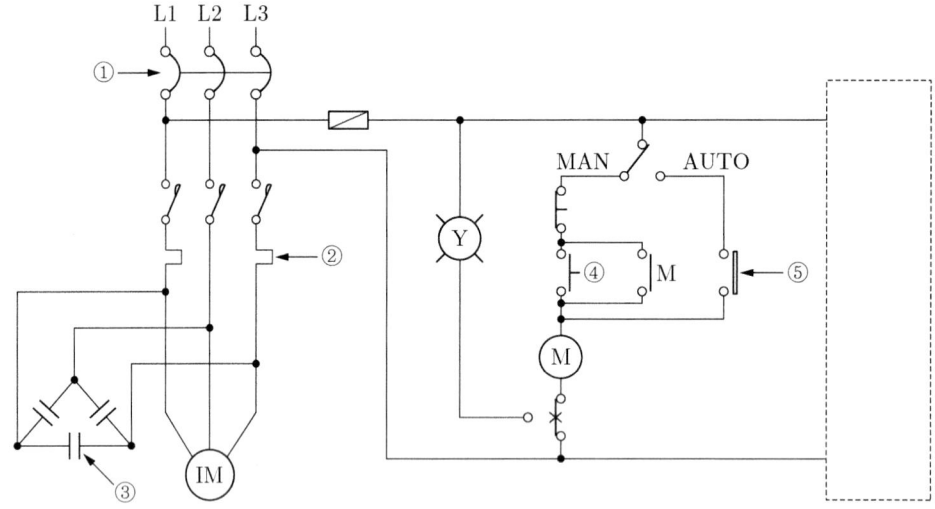

(1) 도면에 표시된 ①~⑤의 약호와 한글 명칭을 적으시오.

번 호	①	②	③	④	⑤
약 호					
한글명칭					

(2) 도면에 그려져 있는 황색램프 ⓨ의 역할을 적으시오.
(3) 전동기가 정지하고 있을 때는 녹색램프 ⓖ가 점등되며, 전동기가 운전 중일 때는 녹색램프 ⓖ가 소등되고 적색램프 ⓡ이 점등되도록 회로도의 점선박스 안에 그려 완성하시오. 단, 전자접촉기 M 의 a, b 접점을 이용하여 회로도를 완성하시오.

Answer

(1)

번 호	①	②	③	④	⑤
약 호	MCCB	THR	SC	PBS	LS
한 글 명 칭	배선용 차단기	열동계전기	전력용 콘덴서	누름버튼 스위치	리미트 스위치

(2) 과부하 동작 표시 램프
(3)

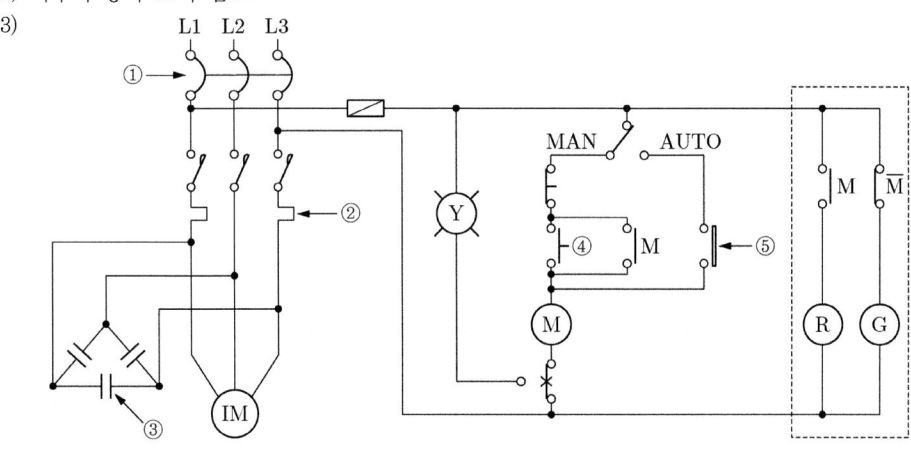

Explanation

- 자동·수동 겸용 PUMP 시퀀스 회로
  - 자동·수동 전환 개폐기(셀렉터 스위치)
  - 자동에는 리미트 스위치 시설
- 전동기 운전 시(적색등 ⓡ) : M-a접점
  전동기 정지 시(녹색등 ⓖ) : M-b접점

21 ★★★☆☆
어느 빌딩의 수용가가 자가용 디젤 발전기 설비를 설계하려고 한다. 발전기 용량을 산출하기 위하여 필요한 부하의 종류와 여러 가지 특성이 다음의 부하 및 특성표와 같을 때 전부하를 운전하는 데 필요한 수치값들을 주어진 표를 보고 수치표의 빈칸에 기록하면서 발전기의 [kVA] 용량을 산정하시오. 단, 전동기 기동 시에 필요한 용량은 무시하고, 수용률의 적용은 최대 입력 전동기 한 대에 대하여 100[%], 기타의 전동기는 80[%]로 한다. 또한 전등 및 기타의 효율 및 역률은 100[%]로 한다.

[부하 및 특성표]

부하의 종류	출력[kW]	극수[극]	대수[대]	적용 부하	기동 방법
전동기	30	8	1	소화전 펌프	리액터 기동
	11	6	3	배풍기	Y-△ 기동
전등 및 기타	60			비상조명	

【표1】 전동기

정격 출력 [kW]	극수	동기 속도 [rpm]	전부하 특성		기동전류 I_{st} 각 상의 평균값[A]	비고		전부하 슬립 S[%]
			효율 η [%]	역률 pf [%]		무부하 전류 I_0 각 상의 전류값 [A]	전부하전류 I 각 상의 평균값 [A]	
5.5	4	1,800	82.5 이상	79.5 이상	150 이하	12	23	5.5
7.5			83.5 이상	80.5 이상	190 이하	15	31	5.5
11			84.5 이상	81.5 이상	280 이하	22	44	5.5
15			85.5 이상	82.0 이상	370 이하	28	59	5.0
(19)			86.0 이상	82.5 이상	455 이하	33	74	5.0
22			86.5 이상	83.0 이상	540 이하	38	84	5.0
30			87.0 이상	83.5 이상	710 이하	49	113	5.0
37			87.5 이상	84.0 이상	875 이하	59	138	5.0
5.5	6	1,200	82.0 이상	74.5 이상	150 이하	15	25	5.5
7.5			83.0 이상	75.5 이상	185 이하	19	33	5.5
11			84.0 이상	77.0 이상	290 이하	25	47	5.5
15			85.0 이상	78.0 이상	380 이하	32	62	5.5
(19)			85.5 이상	78.5 이상	470 이하	37	78	5.0
22			86.0 이상	79.0 이상	555 이하	43	89	5.0
30			86.5 이상	80.0 이상	730 이하	54	119	5.0
37			87.0 이상	80.0 이상	900 이하	65	145	5.0
5.5	8	900	81.0 이상	72.0 이상	160 이하	16	26	6.0
7.5			82.0 이상	74.0 이상	210 이하	20	34	5.5
11			83.5 이상	75.5 이상	300 이하	26	48	5.5
15			84.0 이상	76.5 이상	405 이하	33	64	5.5
(19)			85.0 이상	77.0 이상	485 이하	39	80	5.5
22			85.5 이상	77.5 이상	575 이하	47	91	5.0
30			86.0 이상	78.5 이상	760 이하	56	121	5.0
37			87.5 이상	79.0 이상	940 이하	68	148	5.0

【표2】 자가용 디젤 발전기의 표준 출력

50	100	150	200	300	400

【수치값 표】

부하	출력 [kW]	효율 [%]	역률 [%]	입력 [kVA]	수용률 [%]	수용률 적용값[kVA]
전동기	30×1					
전동기	11×3					
전등 및 기타	60					
계						
필요한 발전기 용량[kVA]						

※ 수치표의 빈칸을 채울 때, 계산이 필요한 것은 계산식을 반드시 기록하고 그 결과 값을 표시하도록 한다.

📝 Answer

부하	출력 [kW]	효율 [%]	역률 [%]	입력 [kVA]	수용률 [%]	수용률 적용값[kVA]
전동기	30×1	86	78.5	$\dfrac{30}{0.86\times 0.785}=44.44$	100	44.44
전동기	11×3	84	77	$\dfrac{11\times 3}{0.84\times 0.77}=51.02$	80	40.82
전등 및 기타	60	100	100	60	100	60
계						145.26
필요한 발전기 용량[kVA]						150

Explanation

- 발전기의 효율 $\eta = \dfrac{출력}{입력}\times 100[\%]$

  입력 $= \dfrac{출력}{\eta}$ [kW]이므로

  입력 $= \dfrac{출력}{\eta \times \cos\theta}$ [kVA]

22 ★★★☆☆

다음 그림의 회로는 어느 것인가 먼저 ON 조작된 측의 램프만 점등하는 병렬 우선 회로(PB_1 ON 시 L_1이 점등된 상태에서 L_2가 점등되지 않고, PB_2 ON 시 L_2가 점등된 상태에서 L_1이 점등되지 않는 회로)로 바꾸어 그리시오. 단, 계전기 R_1, R_2의 보조 b접점 각 1개씩을 추가 사용하여 그리도록 한다.

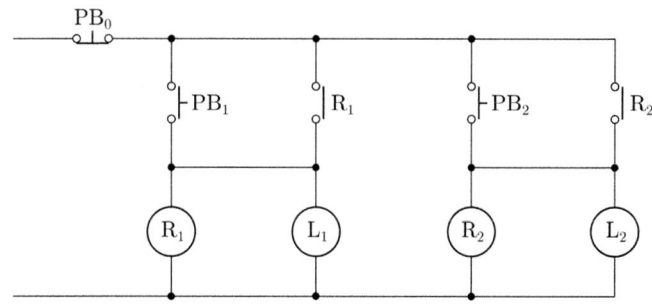

📝 Answer

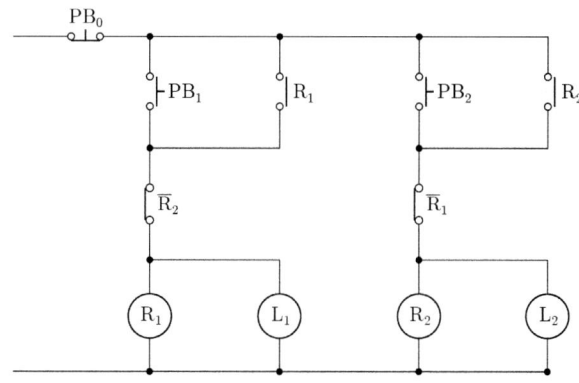

Explanation

인터록 회로(interlock)
1) 기능 : 한쪽이 동작하면 다른 한쪽은 동작할 수 없는 논리
2) 회로 및 타임차트

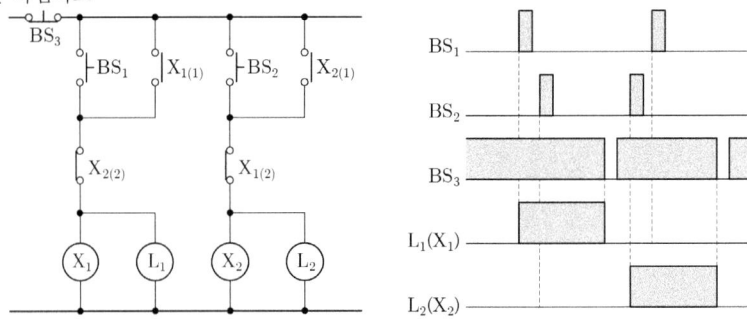

3) 동작 설명
① BS_1을 누르면 $X_1(L_1)$이 동작 이후에 BS_2를 눌러도 $X_2(L_2)$가 동작할 수 없다.
② BS_2를 먼저 주면 $X_2(L_2)$가 동작 이후 BS_1을 눌러도 $X_1(L_1)$이 동작할 수 없다.

23 ★★★☆☆ 다음 각 질문에 답하시오.

(1) 수영장용 수중조명등에 전기를 공급하기 위해서는 1차 측 전로의 사용전압 및 2차 측 전로의 사용전압이 각각 (①) 이하 및 (②) 이하인 절연변압기를 사용할 것
(2) 절연변압기는 그 2차 측 전로의 사용전압이 (③) 이하인 경우에는 1차권선과 2차권선 사이에 금속제의 혼촉방지판을 설치하여야 하며 또한 이를 (④) 공사를 할 것
(3) 절연변압기의 2차 측 전로의 사용전압이 (⑤)를 초과하는 경우에는 그 전로에 지락이 생겼을 때 자동적으로 전로를 차단하는 정격감도전류 30[mA] 이하의 누전차단기를 시설할 것

Answer

(1) ① 400[V]   ② 150[V]
(2) ③ 30[V]   ④ 접지
(3) ⑤ 30[V]

Explanation

(KEC 234.14조) 수중조명등
(1) 수영장 기타 이와 유사한 장소에 사용하는 수중조명등(이하 "수중조명등" 이라 한다)에 전기를 공급하기 위하여는 절연변압기를 사용하고, 그 사용전압은 다음에 의하여야 한다.
 ① 절연변압기의 1차측 전로의 사용전압은 400[V] 이하일 것
 ② 절연변압기의 2차측 전로의 사용전압은 150[V] 이하일 것
 ③ 절연변압기의 2차 측 전로는 접지하지 말 것
(2) 수중조명등의 절연변압기는 그 2차측 전로의 사용전압이 30[V] 이하인 경우는 1차권선과 2차권선 사이에 금속제의 혼촉방지판을 설치하고 규정에 준하여 접지공사를 하여야 한다. 수중조명등의 절연변압기의 2차측 전로의 사용전압이 30[V]를 초과하는 경우에는 그 전로에 지락이 생겼을 때에 자동적으로 전로를 차단하는 정격감도전류 30[mA] 이하의 누전차단기를 시설하여야 한다.

24 ★★★☆☆ 그림과 같은 무접점 논리회로의 래더 다이어그램(ladder diagram)의 미완성 부분(점선 부분)을 완성하여 그리시오. 단, 입·출력 번지의 할당은 다음과 같으며, GL은 녹색램프, RL은 적색램프이다.
입력 : $Pb_1(01)$, $Pb_2(02)$, 출력 : GL(30), RL(31), 릴레이 : X(40)

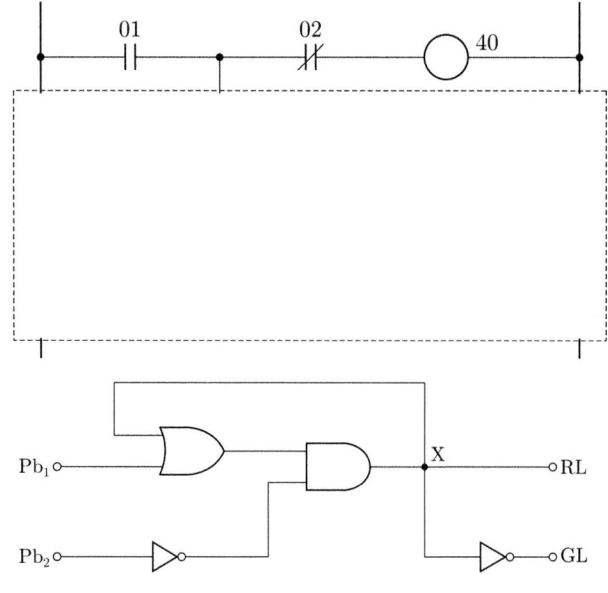

Answer

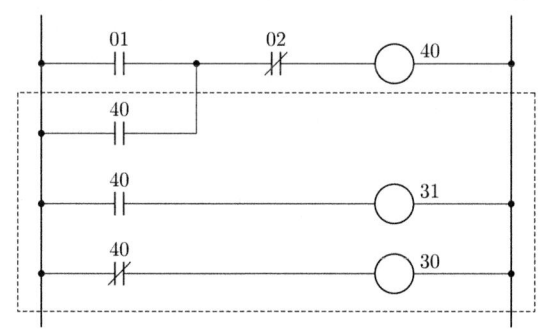

Explanation

- 논리식 : $X = (Pb_1 + X) \cdot \overline{Pb_2}$
  $RL = X$
  $GL = \overline{X}$

25 그림과 같은 인입 변대에 22.9[kV] 수전설비를 설치하여 380/220[V]를 사용하고자 한다. 다음 각 물음에 답하시오.

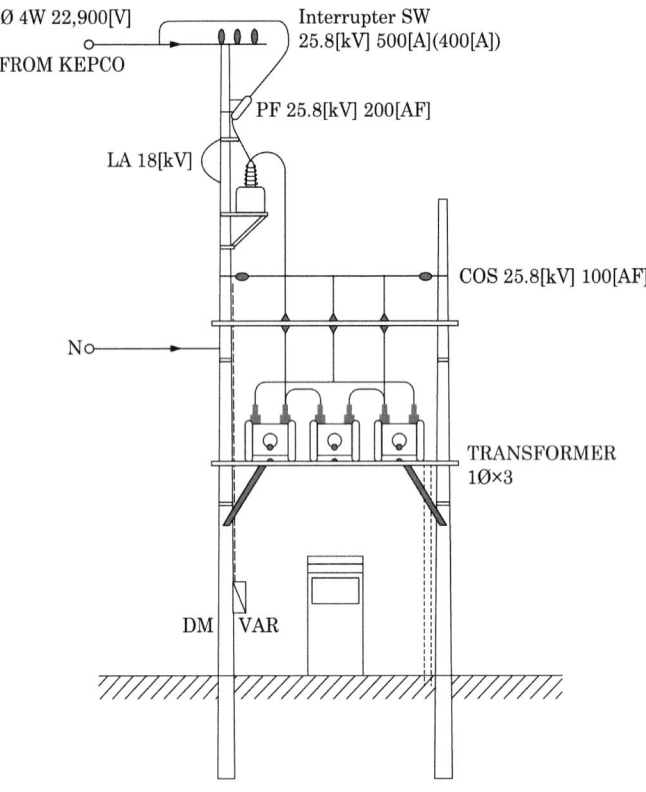

(1) DM 및 VAR의 명칭을 적으시오.
- DM :
- VAR :

(2) 그림에 사용된 LA의 수량은 몇 개이며, 정격전압은 몇 [kV]인지 적으시오.
- LA의 수량 :
- 정격 전압 :

(3) 22.9[kV-y] 계통에 사용하는 것은 주로 어떤 케이블이 사용되는지 적으시오.

(4) 주어진 인입 변대 그림을 단선도로 그리시오.

Answer

(1) DM : 최대 수요 전력량계
   VAR : 무효 전력계
(2) LA의 수량 : 3개
   정격 전압 : 18[kV]
(3) CNCV-W 케이블(수밀형) 또는 TR CNCV-W(트리억제형)

(4)

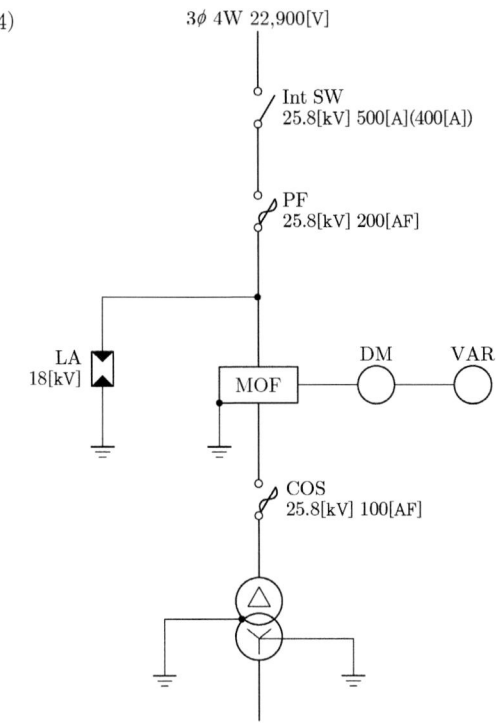

Explanation

- DM : 최대 수요 전력량계, VAR : 무효 전력계
- 22.9[kV-Y] 1,000[kVA] 이하를 시설하는 경우(간이 수전 설비)

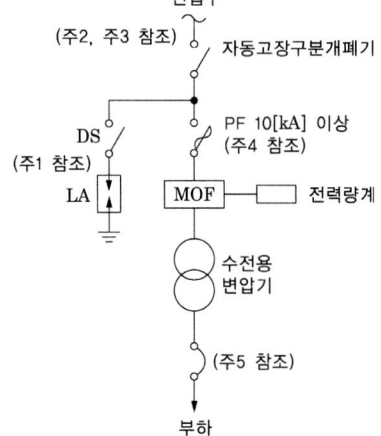

【주1】 LA용 DS는 생략할 수 있으며 22.9[kV-Y]용의 LA는 Disconnector(또는 Isolator) 붙임형을 사용하여야 한다.
【주2】 인입선을 지중선으로 시설하는 경우로서 공동주택 등 사고 시 정전 피해가 큰 수전 설비인입선은 예비선을 포함하여 2회선으로 시설하는 것이 바람직하다.
【주3】 지중 인입선의 경우에 22.9[kV-Y] 계통은 CNCV-W 케이블(수밀형) 또는 TR CNCV-W(트리억제형)을 사용하여야 한다. 다만, 전력구, 공동구, 덕트, 건물구내 등 화재의 우려가 있는 장소에서는 FR CNCO-W(난연)케이블을 사용하는 것이 바람직하다.
【주4】 300[kVA] 이하인 경우는 PF대신 COS(비대칭 차단전류 10[kA]이상의 것)을 사용할 수 있다.
【주5】 특별고압 간이 수전설비는 PF의 용단 등의 결상사고에 대한 대책이 없으므로 변압기 2차 측에 설치되는 주차단기에는 결상계전기 등을 설치하여 결상사고에 대한 보호능력이 있도록 함이 바람직하다.

26 ★★★☆☆ 어느 수용가의 공장 배전용 변전실에 설치되어 있는 250[kVA]의 3상 변압기에서 A, B 2회선으로 주어진 표에 명시된 부하에 전력을 공급하고 있으며, A, B 각 회선의 합성 부등률이 1.2이고 개별 부등률이 1.0일 때 최대 수용전력 시에 과부하가 되는 것으로 추정되고 있다. 이때 다음 각 질문에 답하시오.

회선	부하 설비[kW]	수용률[%]	역률[%]
A	250	60	75
B	150	80	75

(1) A회선의 최대 부하는 몇 [kW]인가?
- 계산 :   • 답 :
(2) B회선의 최대 부하는 몇 [kW]인가?
- 계산 :   • 답 :
(3) 합성 최대 수용전력(최대 부하)은 몇 [kW]인가?
- 계산 :   • 답 :
(4) 전력용 콘덴서를 병렬로 설치하여 과부하가 되는 것을 방지하고자 한다. 이론상 필요한 전력용 콘덴서의 용량은 몇 [kVA]인가?
- 계산 :   • 답 :

Answer

(1) 계산 : $P_A = \dfrac{250 \times 0.6}{1.0} = 150[\text{kW}]$ 　　　　　　　　　　　　　　답 : 150[kW]

(2) 계산 : $P_B = \dfrac{150 \times 0.8}{1.0} = 120[\text{kW}]$ 　　　　　　　　　　　　　　답 : 120[kW]

(3) 계산 : $P = \dfrac{150 + 120}{1.2} = 225[\text{kW}]$ 　　　　　　　　　　　　　　답 : 225[kW]

(4) 계산 : 개선 후의 역률 $\cos\theta_2 = \dfrac{P}{P_a} = \dfrac{225}{250} = 0.9$가 되어야 하므로

콘덴서 용량 $Q_c = P(\tan\theta_1 - \tan\theta_2) = 225 \times \left(\dfrac{\sqrt{1-0.75^2}}{0.75} - \dfrac{\sqrt{1-0.9^2}}{0.9} \right) = 89.46[\text{kVA}]$

답 : 89.46[kVA]

Explanation

- 합성 최대 전력[kW] = $\dfrac{\text{설비용량} \times \text{수용률}}{\text{부등률}}$
- 역률 개선용 콘덴서의 용량

$Q_c = P(\tan\theta_1 - \tan\theta_2) = P\left(\dfrac{\sin\theta_1}{\cos\theta_1} - \dfrac{\sin\theta_2}{\cos\theta_2} \right) = P\left(\dfrac{\sqrt{1-\cos^2\theta_1}}{\cos\theta_1} - \dfrac{\sqrt{1-\cos^2\theta_2}}{\cos\theta_2} \right)[\text{kVA}]$

여기서, $\cos\theta_1$: 개선 전 역률, $\cos\theta_2$: 개선 후 역률

27 다음 그림은 특고압 수변전설비 중 지락보호회로 복선도의 일부분이다. ①~⑤까지에 해당되는 부분의 각 명칭을 적으시오.

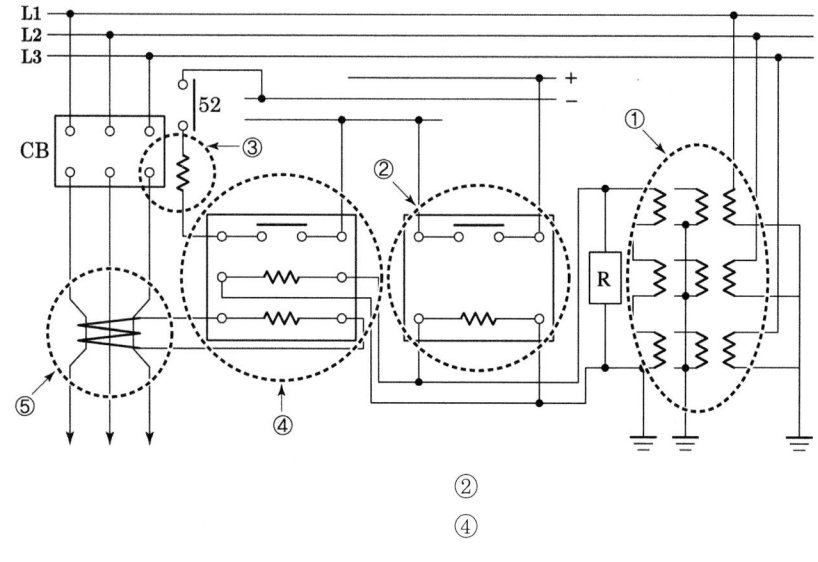

① 　　　　　　　　　　　　　　②
③ 　　　　　　　　　　　　　　④
⑤

Answer

① 접지형 계기용변압기(GPT)　　② 지락 과전압 계전기(OVGR)
③ 트립 코일(TC)　　　　　　　　④ 선택 지락 계전기(SGR)
⑤ 영상 변류기(ZCT)

28 다음은 절연내력 시험의 예이다. 각 질문에 답하시오.

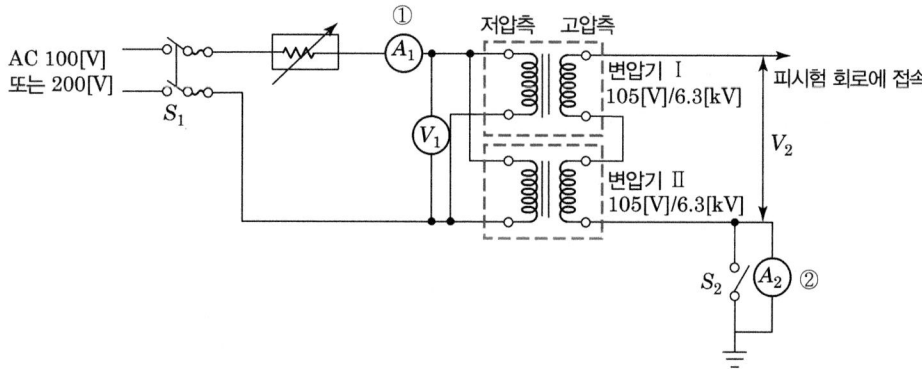

(1) ①의 전류계는 어떤 전류를 측정하는지 적으시오.
(2) ②의 전류계는 어떤 전류를 측정하는지 적으시오.
(3) 절연내력 시험에서 수전전압 6[kV]용 피시험기를 시험하는 경우 최대 사용전압을 계산하시오.
　•계산 :　　　　　　　　　　•답 :

Answer

(1) 절연내력시험 전류
(2) 누설전류

(3) 계산 : 최대사용전압 $= \dfrac{6,000}{1.5} = 4,000[\text{V}]$ 　　　　　　　　　　　　　　　　　　　　　　답 : 4,000[V]

Explanation

(KEC 135조) 변압기 전로의 절연내력

구분		배율	최저 전압
중성점 직접 접지식이 아닌 경우	7[kV] 이하	1.5	500[V]
	7[kV] 초과 ~ 60[kV] 이하	1.25	10.5[kV]
	60[kV] 초과(비접지식)	1.25	
	60[kV] 초과(중성점 접지식) (성형결선, 또는 스콧결선의 것에 한한다)	1.1	75[kV]
중성점 직접 접지식	7[kV] 초과 ~ 25[kV] 이하 (중성점 다중 접지식)	0.92	
	60[kV] 초과 ~ 170[kV]까지	0.72	
	170[kV] 초과	0.64	
	최대사용전압이 60[kV]를 초과하는 정류기에 접속되고 있는 전로	1.1	

29 ★★★☆☆

매분 15[m³]의 물을 높이 18[m]인 탱크에 양수하는 데 필요한 전력을 V 결선한 변압기로 공급한다면, 여기서 필요한 단상 변압기 1대의 용량은 몇 [kVA]인지 구하시오. 단, 펌프와 전동기의 합성 효율은 65[%]이고, 전동기의 전부하 역률은 95[%]이며, 펌프의 축동력은 15[%]의 여유를 준다.

• 계산 :　　　　　　　　　　　　　　• 답 :

 Answer

계산 : $P = \dfrac{KQH}{6.12\eta} = \dfrac{15 \times 18 \times 1.15}{6.12 \times 0.65} = 78.05[\text{kW}]$

　　　[kVA]로 환산하면

　　　부하 용량 $= \dfrac{78.05}{0.95} = 82.16[\text{kVA}]$

　　　V 결선시 용량 $P_V = \sqrt{3}\,P_1$ 에서

　　　단상변압기 1대의 용량 $P_1 = \dfrac{P_V}{\sqrt{3}} = \dfrac{82.16}{\sqrt{3}} = 47.44[\text{kVA}]$　　　　　　답 : 47.44[kVA]

Explanation

• 양수펌프용 전동기 출력 $P = \dfrac{9.8\,QHK}{\eta}$ [kW]

　여기서, Q : 유량(양수량)[m³/s], 　H : 양정[m], 　K : 여유계수

　문제에서는 소요 동력을 [kVA]로 구하라고 했으므로 $P = \dfrac{9.8\,QHK}{\eta \times \cos\theta}$ [kVA]

• V 결선 : 단상 변압기 2대로 3상 공급

　출력 $P_V = \sqrt{3}\,K$　(여기서, K는 변압기 1대 용량)

30 ★★★☆☆ 어떤 변전실에서 그림과 같은 일부하 곡선 A, B, C인 부하에 전기를 공급하고 있다. 이 변전실의 총 부하에 대한 다음 각 질문에 답하시오. 단, A, B, C의 역률은 시간에 관계없이 각각 80[%], 100[%] 및 60[%]이며, 그림에서 부하전력은 부하 곡선의 수치에 10^3을 한다는 의미임. 즉, 수직축의 5는 5×10^3[kW]라는 의미이다.

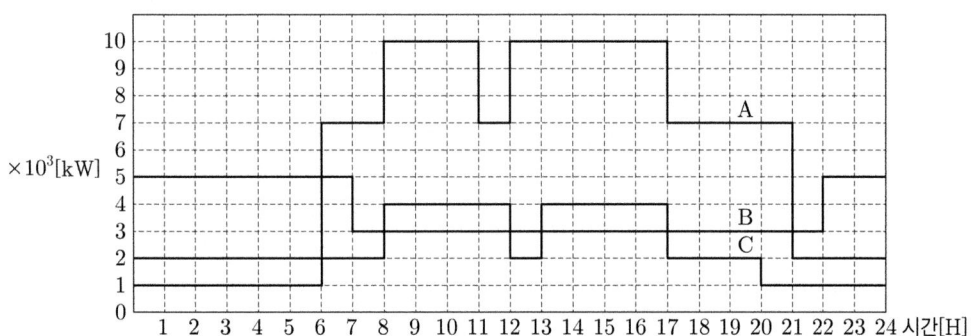

※ 부하 전력은 부하 곡선의 수치에 10^3을 한다는 의미임
  즉 수직축의 5는 5×10^3[kW]라는 의미임

(1) 합성 최대 전력은 몇 [kW]인가?
  • 계산 :   • 답 :
(2) A, B, C 각 부하에 대한 평균 전력은 몇 [kW]인가?
  • 계산 :   • 답 :
(3) 총 부하율은 몇 [%]인가?
  • 계산 :   • 답 :
(4) 부등률은 얼마인가?
  • 계산 :   • 답 :
(5) 최대 부하일 때의 합성 총 역률은 몇 [%]인가?
  • 계산 :   • 답 :

Answer

(1) 합성 최대 전력은 도면에서 8~11시, 13~17시에 나타내며
  계산 : $P = (10 + 4 + 3) \times 10^3 = 17 \times 10^3 = 17{,}000$[kW]   답 : 17,000[kW]

(2) 계산 :
$$A = \frac{\{(1 \times 6) + (7 \times 2) + (10 \times 3) + (7 \times 1) + (10 \times 5) + (7 \times 4) + (2 \times 3)\} \times 10^3}{24}$$
$$= 5.875 \times 10^3 = 5{,}875 \text{[kW]}$$
$$B = \frac{\{(5 \times 7) + (3 \times 15) + (5 \times 2)\} \times 10^3}{24} = 3.75 \times 10^3 = 3{,}750 \text{[kW]}$$
$$C = \frac{\{(2 \times 8) + (4 \times 4) + (2 \times 1) + (4 \times 4) + (2 \times 3) + (1 \times 4)\} \times 10^3}{24} = 2.5 \times 10^3 = 2{,}500 \text{[kW]}$$
  답 : A 5,875[kW], B 3,750[kW], C 2,500[kW]

(3) 계산 : 총 부하율 $= \dfrac{5{,}875 + 3{,}750 + 2{,}500}{17{,}000} \times 100 = 71.32$[%]   답 : 71.32[%]

(4) 계산 : 부등률 $= \dfrac{10{,}000 + 5{,}000 + 4{,}000}{17{,}000} = 1.12$ 답 : 1.12

(5) 계산 : 먼저 최대 부하 시 무효전력
$$Q = P \tan\theta = 10{,}000 \times \frac{0.6}{0.8} + 3{,}000 \times \frac{0}{1} + 4{,}000 \times \frac{0.8}{0.6} = 12{,}833.33 \text{[kVar]}$$

$$\cos\theta = \frac{P}{\sqrt{P^2+Q^2}} = \frac{17{,}000}{\sqrt{17{,}000^2 + 12{,}833.33^2}} \times 100 = 79.81[\%]$$

답 : 79.81[%]

Explanation

- 평균 전력 = $\dfrac{\text{사용전력량}}{\text{시간}}$
- 총 부하율 = $\dfrac{\text{평균 전력}}{\text{합성 최대 전력}} \times 100 = \dfrac{A, B, C \text{부하의 각 평균 전력의 합계}}{\text{합성 최대 전력}} \times 100[\%]$
- 부등률 = $\dfrac{\text{각각의 수용가 최대 전력의 합}}{\text{합성 최대 전력}} \geq 1$

31 ★★★☆☆

다음은 계전기의 그림 기호이다. 각각의 명칭을 우리말로 적으시오.

(1) OC   (2) OL   (3) UV   (4) G

Answer

(1) 과전류 계전기   (2) 과부하 계전기
(3) 부족전압 계전기   (4) 지락(접지) 계전기

Explanation

OC : Over Current Relay(과전류 계전기)
OL : Over Load Relay(과부하 계전기)
UV : Under Voltage Relay(부족 전압 계전기)
GR : Ground Relay(지락 계전기)
□ : Relay

32 ★★★☆☆

그림은 최대 사용전압 6,900[V]인 변압기의 절연내력 시험을 위한 시험 회로도이다. 그림을 보고 다음 각 질문에 답하시오.

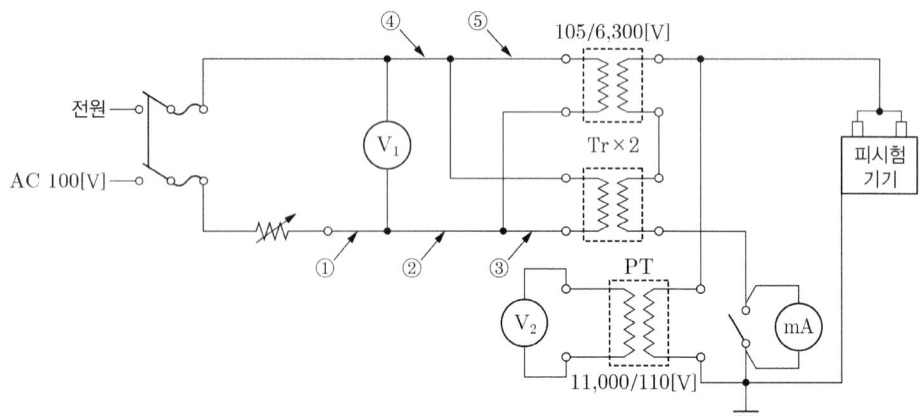

(1) 전원 측 회로에 전류계 Ⓐ를 설치하고자 할 때 ①~⑤번 중 어느 곳이 적당한가?
(2) 시험 시 전압계 V_1로 측정되는 전압은 몇 [V]인가? 단, 소수점 이하는 반올림 할 것
  • 계산 :   • 답 :
(3) 시험 시 전압계 V_2로 측정되는 전압은 몇 [V]인가?
  • 계산 :   • 답 :

(4) PT의 설치 목적은 무엇인가?
(5) 전류계 [mA]의 설치 목적은 어떤 전류를 측정하기 위함인가?

> Answer

(1) ①
(2) 계산 : 절연내력 시험전압 : $V = 6,900 \times 1.5 = 10,350[V]$

전압계 : $V_1 = 10,350 \times \dfrac{1}{2} \times \dfrac{105}{6,300} = 86.25[V]$ 　　　답 : 86[V]

(3) 계산 : $V_2 = 6,900 \times 1.5 \times \dfrac{110}{11,000} = 103.5[V]$ 　　　답 : 103.5[V]

(4) 피시험기기의 절연내력 시험전압 측정
(5) 누설전류의 측정

> Explanation

(KEC 135조) 변압기 전로의 절연내력

구분		배율	최저 전압
중성점 직접 접지식이 아닌 경우	7[kV] 이하	1.5	500[V]
	7[kV] 초과 ~ 60[kV] 이하	1.25	10.5[kV]
	60[kV] 초과(비접지식)	1.25	
	60[kV] 초과(중성점 접지식) (성형결선, 또는 스콧결선의 것에 한한다)	1.1	75[kV]
중성점 직접 접지식	7[kV] 초과 ~ 25[kV] 이하 (중성점 다중 접지식)	0.92	
	60[kV] 초과 ~ 170[kV]까지	0.72	
	170[kV] 초과	0.64	
	최대사용전압이 60[kV]를 초과하는 정류기에 접속되고 있는 전로	1.1	

• 전압계 V_1에는 변압기 1대에 걸리는 전압이므로 $\dfrac{1}{2}$만 측정된다.

$$V_1 = 10,350 \times \dfrac{105}{6,300} \times \dfrac{1}{2} = 86.25[V]$$

문제의 조건에 소수점은 반올림하라고 했으므로 86[V]가 된다.

---

33 ★★★☆☆
500[kVA] 단상 변압기 3대를 △ − △ 결선의 1뱅크로 하여 사용하고 있는 변전소가 있다. 지금 부하의 증가로 1대의 단상 변압기를 증가하여 2뱅크로 하였을 때 최대 3상 부하용량[kVA]을 계산하시오.

• 계산 : 　　　　　　　　　　　　• 답 :

> Answer

계산 : $P = 2P_V = 2 \times \sqrt{3}\, P_1 = 2 \times \sqrt{3} \times 500 = 1,732.05[kVA]$ 　　　답 : 1,732.05[kVA]

> Explanation

• V결선 : 단상 변압기 2대로 3상 공급
　출력 $P_V = \sqrt{3}\, K$　　여기서, K는 변압기 1대 용량
• 단상 변압기 4대로 V결선 2 bank로 구성
　$P = 2 \times P_V = 2 \times \sqrt{3}\, K$

34 ★★★☆☆
어느 변전소에서 뒤진 역률 80[%]의 부하 6,000[kW]가 있다. 여기에 뒤진 역률 60[%], 1,200[kW] 부하가 증가하였을 경우 다음 각 질문에 답하시오.

(1) 부하 증가 후 역률을 90[%]로 유지할 경우 전력용 콘덴서의 용량은 몇 [kVA]인가?
   • 계산 :   • 답 :

(2) 부하 증가 후 변전소의 피상전력을 동일하게 유지할 경우 전력용 콘덴서의 용량은 몇 [kVA]인가?
   • 계산 :   • 답 :

Answer

(1) 계산 : 유효전력 $P = 6,000 + 1,200 = 7,200 [kW]$

무효전력 $Q = 6,000 \times \dfrac{0.6}{0.8} + 1,200 \times \dfrac{0.8}{0.6} = 6,100 [kVar]$

$\cos\theta_1 = \dfrac{7,200}{\sqrt{7,200^2 + 6,100^2}} = 0.763$

$Q = P(\tan\theta_1 - \tan\theta_2)$ 에서

$Q = 7,200 \times \left(\dfrac{\sqrt{1-0.763^2}}{0.763} - \dfrac{\sqrt{1-0.9^2}}{0.9} \right) = 2,612.58 [kVA]$ 답 : 2,612.58[kVA]

(2) 계산 : 부하 증가 전 피상전력 $P_a = \dfrac{P}{\cos\theta} = \dfrac{6,000}{0.8} = 7,500 [kVA]$

부하 증가 후 유효전력 $P = 6,000 + 1,200 = 7,200 [kW]$

부하 증가 후 무효전력 $Q = 6,000 \times \dfrac{0.6}{0.8} + 1,200 \times \dfrac{0.8}{0.6} = 6,100 [kVar]$

피상전력 $P_a = \sqrt{P^2 + Q^2} = \sqrt{7,200^2 + (6,100 - Q_c)^2} = 7,500$

전력용 콘덴서의 용량 $Q_c = 4,000 [kVA]$ 답 : 4,000[kVA]

Explanation

불평형 부하 계산
1대의 변압기에 역률(뒤짐) $\cos\theta_1$, 유효전력 P_1[kW]의 부하와 역률(뒤짐) $\cos\theta_2$, 유효전력 P_2[kW]의 부하가 병렬로 접속되어 있을 경우의 계산은 다음과 같다.
• 유효전력 : $P = P_1 + P_2 [kW]$
• 무효전력 : $Q = P_1 \tan\theta_1 + P_2 \tan\theta_2 [kVar]$
• 피상전력 : $P_a = \sqrt{P^2 + Q^2} = \sqrt{(P_1 + P_2)^2 + (P_1\tan\theta_1 + P_2\tan\theta_2)^2}$ [kVA]
• 합성 역률 $\cos\theta = \dfrac{P}{P_a} = \dfrac{P_1 + P_2}{\sqrt{(P_1 + P_2)^2 + (P_1\tan\theta_1 + P_2\tan\theta_2)^2}}$

35 ★★★☆☆
그림과 같은 UPS 설비를 보고 다음 각 질문에 답하시오.

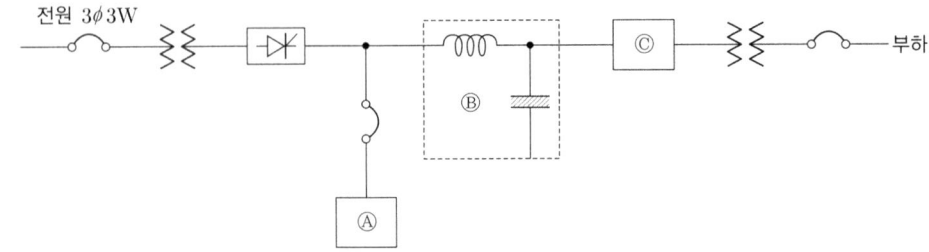

(1) UPS의 주요 기능을 2가지로 요약하여 설명하시오.
   ①
   ②
(2) Ⓐ는 무슨 부분인가?
(3) Ⓑ는 무슨 역할을 하는 회로인가?
(4) Ⓒ 부분은 무슨 회로이며, 그 역할은 무엇인가?
   • 답 :   • 역할 :

Answer

(1) ① 무정전 전원 공급   ② 정전압 정주파수 공급장치
(2) 축전지
(3) DC 필터(평활회로)로 리플 전압을 제거
(4) 인버터
   역할 : 직류를 교류로 변환한다.

Explanation

• UPS 장치 시스템의 중심 부분(CVCF 기본 회로) 구성도

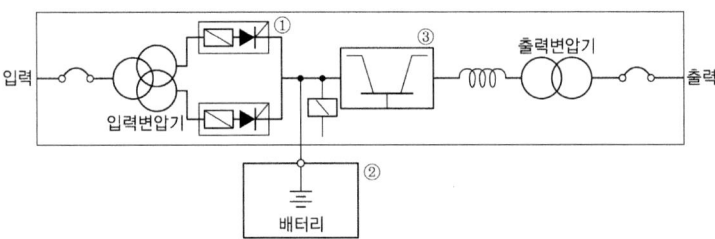

• UPS 구성 장치
① 순변환(정류) 장치(Converter) : 교류를 직류로 변환
② 축전지 : 정류 장치에 의해 변환된 직류 전력을 저장
③ 역변환 장치(Inverter) : 직류를 상용 주파수의 교류전압으로 변환

• CVCF : 정전압 정주파수 장치

• DC 필터(평활회로) : 리플 전압을 제거

---

36 ★★★☆☆
다음과 같은 콘센트의 심벌을 각각 설명하시오.

(1)   (2)    (3)    (4)    (5)

Answer

(1) 천장붙이 콘센트   (2) 2구 콘센트   (3) 3극 콘센트
(4) 방수형 콘센트   (5) 접지극붙이 콘센트

Explanation

콘센트(심벌)

명칭	그림 기호	적용
콘센트		① 천장에 부착하는 경우는 다음과 같다. ② 바닥에 부착하는 경우는 다음과 같다.

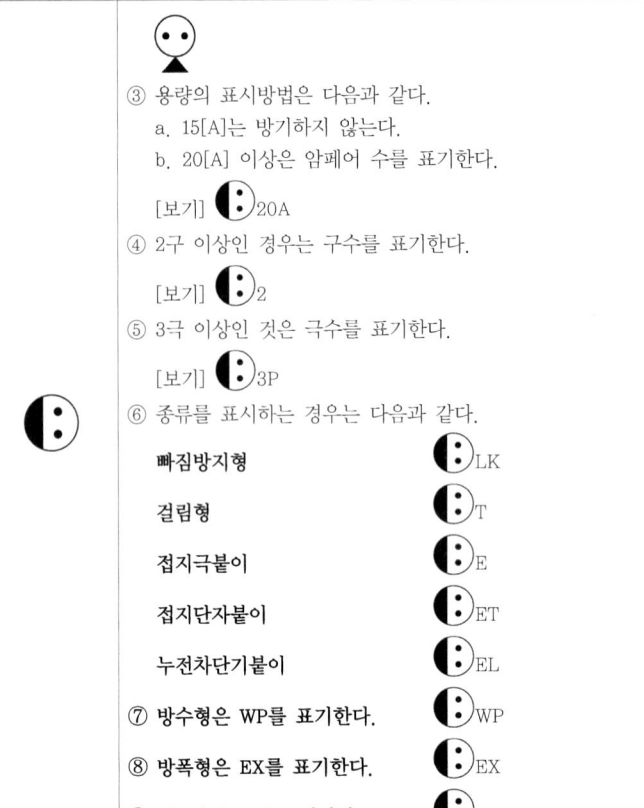

③ 용량의 표시방법은 다음과 같다.
  a. 15[A]는 방기하지 않는다.
  b. 20[A] 이상은 암페어 수를 표기한다.
  [보기] 20A
④ 2구 이상인 경우는 구수를 표기한다.
  [보기] 2
⑤ 3극 이상인 것은 극수를 표기한다.
  [보기] 3P
⑥ 종류를 표시하는 경우는 다음과 같다.
  빠짐방지형   LK
  걸림형   T
  접지극붙이   E
  접지단자붙이 ET
  누전차단기붙이 EL
⑦ 방수형은 WP를 표기한다.   WP
⑧ 방폭형은 EX를 표기한다.   EX
⑨ 의료용은 H를 표기한다.   H

37 ★★★☆☆
30[kW], 역률 65[%]의 부하를 역률 90[%]로 개선하기 위한 콘덴서의 용량[kVA]을 구하시오.

• 계산 :   • 답 :

Answer

계산 : 콘덴서 용량
$Q_c = P(\tan\theta_1 - \tan\theta_2)$
$= 30 \times \left(\dfrac{\sqrt{1-0.65^2}}{0.65} - \dfrac{\sqrt{1-0.9^2}}{0.9} \right) = 20.54 \text{[kVA]}$

답 : 20.54[kVA]

Explanation

역률 개선
• 전력용 콘덴서는 진상 무효분을 공급하여 부하의 역률 개선을 위하여 사용
• 부하의 역률 저하 원인 : 유도전동기의 경부하 운전 및 형광방전등의 안정기 등

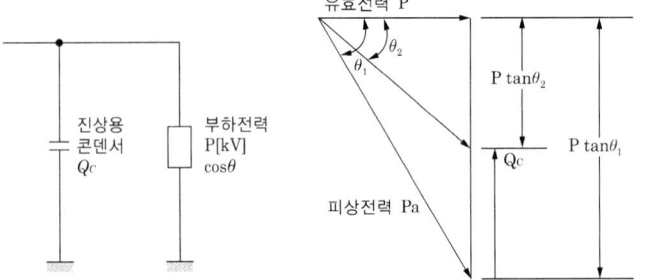

전력용 콘덴서 용량

$$Q_c = P(\tan\theta_1 - \tan\theta_2) = P\left(\frac{\sin\theta_1}{\cos\theta_1} - \frac{\sin\theta_2}{\cos\theta_2}\right)$$
$$= P\left(\frac{\sqrt{1-\cos^2\theta_1}}{\cos\theta_1} - \frac{\sqrt{1-\cos^2\theta_2}}{\cos\theta_2}\right)[\text{kVA}] \text{ (여기서, } \cos\theta_1 : \text{개선 전 역률, } \cos\theta_2 : \text{개선 후 역률)}$$

38 ★★★☆☆ 그림과 같은 무접점 릴레이 회로에 대하여 각 물음에 답하시오.

(1) 출력식 X를 쓰시오.
(2) 타임차트를 완성하시오.

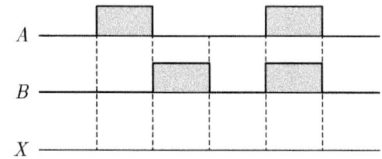
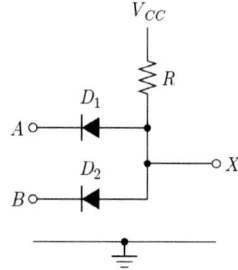

Answer

(1) 출력 식 : $X = A \cdot B$
(2)

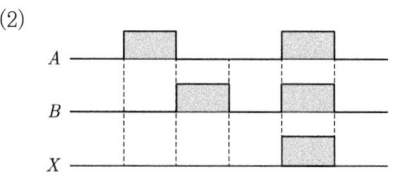

Explanation

기본 회로의 종류

회로명	논리식	전자 회로 구성
AND 회로	$X = A \cdot B$	
OR 회로	$X = A + B$	
NOT 회로	$X = \overline{A}$	

39 ★★★☆☆

주변압기 단상 22,900/380[V], 500[kVA] 3대를 Y-Y 결선으로 하여 사용하고자 하는 경우 2차 측에 설치해야 할 차단기 용량은 몇 [MVA]로 하면 되는지 계산하시오. 단, 변압기의 %Z는 3[%]로 계산하며, 그 외 임피던스는 고려하지 않는다.

• 계산 :   • 답 :

Answer

계산 : $P_s = \dfrac{100}{\%Z} P_n = \dfrac{100}{3} \times 500 \times 3 \times 10^{-3} = 50 [\text{MVA}]$

답 : 50[MVA]

Explanation

- 단락 용량 $P_s = \dfrac{100}{\%Z} P_n$
- 차단기 용량을 구할 수 없을 때는 단락 용량을 이용하여 구한 후 그보다 큰 것을 차단기 용량으로 선정한다.

40 ★★★☆☆

다음 (　)에 알맞은 내용을 쓰시오.

임의의 면에서 한 점의 조도는 광원의 광도 및 입사각 θ의 코사인에 비례하고 거리의 제곱에 반비례한다. 이와 같이 입사각의 코사인에 비례하는 것을 Lambert의 코사인법칙이라 한다. 또 광선과 피조면의 위치에 따라 조도를 (①) 조도, (②) 조도, (③) 조도 등으로 분류할 수 있다.

Answer

① 법선　　　　② 수평면　　　　③ 수직면

Explanation

- 법선조도 $E_n = \dfrac{I}{r^2} [\text{lx}]$
- 수평면 조도 $E_h = \dfrac{I}{r^2} \cos\theta = \dfrac{I}{h^2} \cos^3\theta [\text{lx}]$

　여기서, $r\cos\theta = h$ 이므로 $r = \dfrac{h}{\cos\theta}$

- 수직면 조도 $E_v = \dfrac{I}{r^2} \sin\theta = \dfrac{I}{h^2} \cos^2\theta \sin\theta [\text{lx}]$

　여기서, $r\cos\theta = h$ 이므로 $r = \dfrac{h}{\cos\theta}$

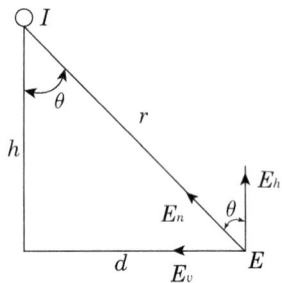

41 ★★★☆☆

150[kVA], 22.9[kV]/380-220[V], 변압기의 %저항이 3[%], %리액턴스가 4[%]일 때 정격전압에서 단락전류는 정격전류의 몇 배인지 계산하시오. 단, 전원측의 임피던스는 무시한다.

• 계산 :   • 답 :

Answer

계산 : $I_s = \dfrac{100}{\%Z} I_n = \dfrac{100}{\sqrt{3^2 + 4^2}} I_n = 20 I_n [\text{A}]$

답 : 20배

Explanation

- 단락전류 $I_s = \dfrac{100}{\%Z} \times I_n$
- %임피던스 $\%Z = \sqrt{p^2 + q^2}$ 여기서, p : %저항강하, q : %리액턴스강하

42 ★★★☆☆

그림과 같은 철골 공장에 백열등의 전반 조명을 할 때 평균 조도로 200[lx]를 얻기 위한 광원의 소비전력을 구하려고 한다. 주어진 조건과 참고자료를 이용하여 다음 각 질문에 답하면서 순차적으로 구하시오.

[조건] 천장, 벽면 반사율은 30[%]이다.
  광원은 천장면하 1[m]에 부착한다.
  천장의 높이는 9[m]이다.
  감광 보상률은 보수 상태를 "양"으로 하며 적용한다.
  배광은 직접 조명으로 한다.
  조명기구는 금속 반사갓 직부형이다.

[도면]

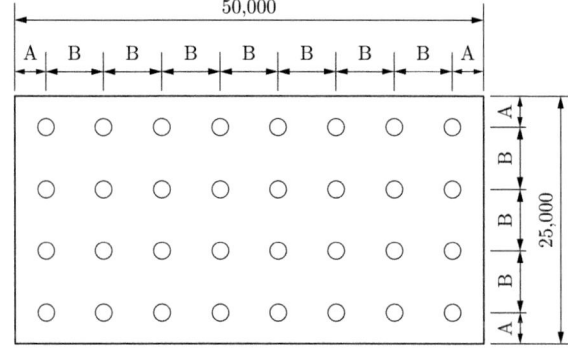

【표1】 각종 전등의 특성 (A) 백열등

형식	종별	유리구의 지름 (표준치) [mm]	길이 [mm]	베이스	초기 특성 소비 전력 [W]	초기 특성 광속 [lm]	초기 특성 효율 [lm/W]	50[%] 수명에서의 효율 [lm/W]	수명 [h]
L100[V] 10[W]	진공 단코일	55	101 이하	E26/25	10±0.5	76±8	7.6±0.6	6.5 이상	1,500
L100[V] 20[W]	진공 단코일	55	〃	E26/25	20±1.0	175±20	8.7±0.7	7.3 이상	1,500
L100[V] 30[W]	가스입단코일	55	108 이하	E26/25	30±1.5	290±30	9.7±0.8	8.8 이상	1,000
L100[V] 40[W]	가스입단코일	55	〃	E26/25	40±2.0	440±45	11.0±0.9	10.0 이상	1,000
L100[V] 60[W]	가스입단코일	50	114 이하	E26/25	60±3.0	760±75	12.6±1.0	11.5 이상	1,000
L100[V] 100[W]	가스입단코일	70	140 이하	E26/25	100±5.0	1500±150	15.0±1.2	13.5 이상	1,000
L100[V] 150[W]	가스입단코일	80	170 이하	E26/25	150±7.5	2450±250	16.4±1.3	14.8 이상	1,000
L150[V] 200[W]	가스입단코일	80	180 이하	E26/25	200±10	3450±350	17.3±1.4	15.3 이상	1,000
L100[V] 300[W]	가스입단코일	95	220 이하	E39/41	300±15	5550±550	18.3±1.5	15.8 이상	1,000
L100[V] 500[W]	가스입단코일	110	240 이하	E39/41	500±25	9900±990	19.7±1.6	16.9 이상	1,000
L100[V] 1,000[W]	가스입단코일	165	332 이하	E39/41	1,000±50	21,000±2,100	21.0±1.7	17.4 이상	1,000
Ld100[V] 30[W]	가스입이중코일	55	108 이하	E26/25	30±1.5	330±35	11.1±0.9	10.1 이상	1,000
Ld100[V] 40[W]	가스입이중코일	55	〃	E26/25	40±2.0	500±50	12.4±1.0	11.3 이상	1,000
Ld100[V] 50[W]	가스입이중코일	60	114 이하	E26/25	50±2.5	660±65	13.2±1.1	12.0 이상	1,000
Ld100[V] 60[W]	가스입이중코일	60	〃	E26/25	60±3.0	830±85	13.0±1.1	12.7 이상	1,000
Ld100[V] 75[W]	가스입이중코일	60	117 이하	E26/25	75±4.0	1100±110	14.7±1.2	13.2 이상	1,000
Ld100[V] 100[W]	가스입이중코일	65 또는 67	128 이하	E26/25	100±5.0	1570±160	15.7±1.3	14.1 이상	1,000

[표2] 조명률, 감광 보상률 및 설치 간격

번호	배광 / 설치 간격	조명 기구	감광 보상률(D) 보수 상태 양/중/부			반사율 ρ	천장 벽	0.75 0.5	0.75 0.3	0.75 0.1	0.50 0.5	0.50 0.3	0.50 0.1	0.30 0.3	0.30 0.1
						실지수				조명률 U[%]					
(1)	간접 0.80 / 0 S≤1.2H					전구	J0.6	16	13	11	12	10	08	06	05
							I0.8	20	16	15	15	13	11	08	07
							H1.0	23	20	17	17	14	13	10	08
			1.5	1.7	2.0		G1.25	26	23	20	20	17	15	11	10
							F1.5	29	26	22	22	19	17	12	11
						형광등	E2.0	32	29	26	24	21	19	13	12
							D2.5	36	32	30	26	24	22	15	14
							C3.0	38	35	32	28	25	24	16	15
			1.7	2.0	2.5		B4.0	42	39	36	30	29	27	18	17
							A5.0	44	41	39	33	30	29	19	18
(2)	반간접 0.70 / 0.10 S≤1.2H					전구	J0.6	18	14	12	14	11	09	08	07
							I0.8	22	19	17	17	15	13	10	09
							H1.0	26	22	19	20	17	15	12	10
			1.4	1.5	1.7		G1.25	29	25	22	22	19	17	14	12
							F1.5	32	28	25	24	21	19	15	14
						형광등	E2.0	35	32	29	27	24	21	17	15
							D2.5	39	35	32	29	26	24	19	18
							C3.0	42	38	35	31	28	27	20	19
			1.7	2.0	2.5		B4.0	46	42	39	34	31	29	22	21
							A5.0	48	44	42	36	33	31	23	22
(3)	전반확산 0.40 / 0.40 S≤1.2H					전구	J0.6	24	19	16	22	18	15	16	14
							I0.8	29	25	22	27	23	20	21	19
							H1.0	33	28	26	30	26	24	24	21
			1.3	1.4	1.5		G1.25	37	32	29	33	29	26	26	24
							F1.5	40	36	31	36	32	29	29	26
						형광등	E2.0	45	40	36	40	36	33	32	29
							D2.5	48	43	39	43	39	36	34	33
							C3.0	51	46	42	45	41	38	37	34
			1.4	1.7	2.0		B4.0	55	50	47	49	45	42	40	38
							A5.0	57	53	49	51	47	44	41	40
(4)	반직접 0.25 / 0.55 S≤H					전구	J0.6	26	22	19	24	21	18	19	17
							I0.8	33	28	26	30	26	24	25	23
							H1.0	36	32	30	33	30	28	28	26
			1.3	1.4	1.5		G1.25	40	36	33	36	33	30	30	29
							F1.5	43	39	35	39	35	33	33	31
						형광등	E2.0	47	44	40	43	39	36	36	34
							D2.5	51	47	43	46	42	40	39	37
							C3.0	54	49	45	48	44	42	42	38
			1.6	1.7	1.8		B4.0	57	53	50	51	47	45	43	41
							A5.0	59	55	52	53	49	47	47	43
(5)	직접 0 / 0.75 S≤1.3H					전구	J0.6	34	29	26	32	29	27	29	27
							I0.8	43	38	35	39	36	35	36	34
							H1.0	47	43	40	41	40	38	40	38
			1.3	1.4	1.5		G1.25	50	47	44	44	43	41	42	41
							F1.5	52	50	47	46	44	43	44	43
						형광등	E2.0	58	55	52	49	48	46	47	46
							D2.5	62	58	56	52	51	49	50	49
							C3.0	64	61	58	54	52	51	51	50
			1.4	1.7	2.0		B4.0	67	64	62	55	53	52	52	52
							A5.0	68	66	64	56	54	53	54	52

【표3】 실지수 기호

기호	A	B	C	D	E	F	G	H	I	J
실지수	5.0	4.0	3.0	2.5	2.0	1.5	1.25	1.0	0.8	0.6
범위	4.5 이상	4.5 ~ 3.5	3.5 ~ 2.75	2.75 ~ 2.25	2.25 ~ 1.75	1.75 ~ 1.38	1.38 ~ 1.12	1.12 ~ 0.9	0.9 ~ 0.7	0.7 이하

[실지수 그림]

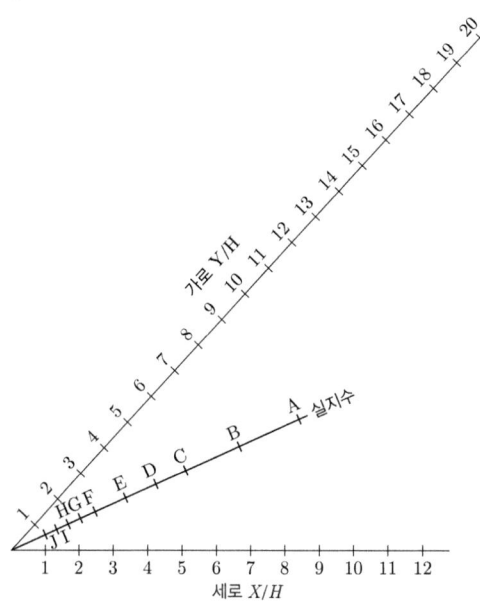

(1) 광원의 높이는 몇 [m]인가?
(2) 실지수의 기호와 실지수를 구하시오
  • 실지수 : • 실지수 기호:
(3) 조명률은 얼마인가?
(4) 감광 보상률은 얼마인가?
(5) 전 광속을 계산하시오.
  • 계산 : • 답 :
(6) 전등 한 등의 광속은 몇 [lm]인가?
  • 계산 : • 답 :
(7) 전등의 Watt 수는 몇 [W]를 선정하면 되는가?

Answer

(1) 등고 $H = 9 - 1 = 8 [m]$

(2) 실지수 $= \dfrac{XY}{H(X+Y)} = \dfrac{50 \times 25}{8(50+25)} = 2.08$

따라서 【표3】에서 실지수 기호는 E 답 : E, 2.0

(3) 조명률 : 문제 조건에서 천장, 벽 반사율 30[%], 실지수 E, 직접 조명이므로 【표2】에서 조명률은 47[%] 선정

(4) 감광 보상률 : 문제 조건에서 보수 상태 양이므로 【표2】에서 직접조명, 전구란에서 1.3 선택

(5) 총 소요 광속

$$NF = \frac{ESD}{U} = \frac{200 \times (50 \times 25) \times 1.3}{0.47} = 691,489.36[\text{lm}]$$

답 : 691,489.36[lm]

(6) 1등당 광속 : 등수가 32개이므로

$$F = \frac{691,489.36}{32} = 21,609.04[\text{lm}]$$

답 : 21,609.04[lm]

(7) 백열전구의 크기 : 【표1】의 전등 특성 표에서 21,000±2,100[lm]인 1,000[W] 선정

Explanation

- 조명 계산
  $FUN = ESD$
  여기서, F[lm] : 광속, U[%] : 조명률, N[등] : 등수, E[lx] : 조도, S[m^2] : 면적,
  $D = \frac{1}{M}$: 감광 보상률 $= \frac{1}{\text{보수율}}$

  등수 $N = \frac{ESD}{FU}$ 이며 등수 계산에서 소수점은 무조건 절상한다.

- 실지수(방지수) $= \frac{XY}{H(X+Y)}$
  여기서, H : 등의 높이−작업면 높이[m], X : 방의 가로[m], Y : 방의 세로[m]

- 실지수표

기호	A	B	C	D	E	F	G	H	I	J
실지수	5.0	4.0	3.0	2.5	2.0	1.5	1.25	1.0	0.8	0.6
범위	4.5 이상	4.5~3.5	3.5~2.75	2.75~2.25	2.25~1.75	1.75~1.38	1.38~1.12	1.12~0.9	0.9~0.7	0.7 이하

43. 전로의 절연저항에 대한 다음 각 질문에 답하여라.

(1) 다음 표의 전로의 사용전압의 구분에 따른 절연저항값은 몇 [MΩ] 이상이어야 하는지 그 값을 표에 적으시오.

전로의 사용전압[V]	DC 시험전압[V]	절연저항[MΩ]
SELV 및 PELV	250	
FELV, 500[V] 이하	500	
500[V] 초과	1,000	

(2) 물음 "(1)"에서 표에 써 있는 대지 전압은 접지식 전로와 비접지식 전로에서 어떤 전압(어느 개소 간의 전압)인지를 설명하시오.
- 접지식 전로 :
- 비접지식 전로 :

Answer

(1)

전로의 사용전압[V]	DC 시험전압[V]	절연저항[MΩ]
SELV 및 PELV	250	0.5
FELV, 500[V] 이하	500	1.0
500[V] 초과	1,000	1.0

(2) 접지식 전로 : 전선과 대지 사이의 전압
비접지식 전로 : 전선과 그 전로 중의 임의의 다른 전선 사이의 전압

> **Explanation**

(기술기준 제52조) 저압전로의 절연저항
전기사용 장소의 사용전압이 저압인 전로의 전선 상호간 및 전로와 대지 사이의 절연저항은 개폐기 또는 과전류 차단기로 구분할 수 있는 전로마다 다음 표에서 정한 값 이상이어야 한다. 다만, 전선 상호간의 절연저항은 기계기구를 쉽게 분리가 곤란한 분기회로의 경우 기기 접속 전에 측정할 수 있다.
또한, 측정 시 영향을 주거나 손상을 받을 수 있는 SPD 또는 기타 기기 등은 측정 전에 분리시켜야 하고, 부득이하게 분리가 어려운 경우에는 시험전압을 250[V] DC로 낮추어 측정할 수 있지만 절연저항 값은 1[MΩ] 이상이어야 한다.

전로의 사용전압[V]	DC 시험전압[V]	절연저항[MΩ]
SELV 및 PELV	250	0.5
FELV, 500[V] 이하	500	1.0
500[V] 초과	1,000	1.0

(내선규정 1,300-3) 용어의 정의
대지 전압(對地電壓)이란 접지식 전로에서 전선과 대지 간의 전압을 말하고 또 비접지식 전로에서 전선과 그 전로 중의 임의의 다른 전선 사이의 전압을 말한다.

---

44 ★★★☆☆
전기사업자는 그가 공급하는 전기의 품질(표준 전압, 표준 주파수)을 허용오차 범위 안에서 유지하도록 전기사업법에 규정되어 있다. 다음 표의 괄호 안에 표준 전압 또는 표준 주파수에 대한 허용오차를 정확하게 쓰시오.

표준 전압 또는 표준 주파수	허용 오차
110볼트	110볼트의 상하로 (①)볼트 이내
220볼트	220볼트의 상하로 (②)볼트 이내
380볼트	380볼트의 상하로 (③)볼트 이내
60헤르츠	60헤르츠 상하로 (④)헤르츠 이내

> **Answer**

① 6   ② 13   ③ 38   ④ 0.2

> **Explanation**

표준 전압·표준 주파수 및 허용 오차(전기사업법 시행규칙 제18조 관련)
1. 표준 전압 및 허용 오차

표준 전압, 표준 주파수	허용 오차
110볼트	110볼트의 상하로 6볼트 이내
220볼트	220볼트의 상하로 13볼트 이내
380볼트	380볼트의 상하로 38볼트 이내

2. 표준 주파수 및 허용 오차

표준 주파수	허용 오차
60헤르츠	60헤르츠 상하로 0.2헤르츠 이내

45 ★★★☆☆ 변압기의 고장(소손(燒損)) 원인에 대하여 5가지만 적어라.

> **Answer**
> ① 권선의 상간단락
> ② 층간단락
> ③ 고 · 저압 혼촉
> ④ 지락 및 단락사고에 의한 과전류
> ⑤ 절연물 및 절연유의 열화에 의한 절연내력 저하
>
> **Explanation**
> 변압기에 예상되는 사고
> • 변압기 내부적 원인
> ① 권선의 상간단락
> ② 권선의 층간단락
> ③ 권선의 지락
> ④ 고 · 저압 권선의 혼촉
> ⑤ 단선
> • 외부적 원인
> ① 뇌서지의 침입
> ② 2차측 외부단락
> ③ 과부하 운전

46 ★★★☆☆ 5,500[lm]의 광속을 발산하는 전등 20개를 가로 10[m] × 세로 20[m]의 방에 설치하였다. 이 방의 평균 조도를 구하여라. 단, 조명률은 0.5, 감광보상률은 1.30이다.

• 계산 : • 답 :

> **Answer**
> 계산 : $E = \dfrac{FUN}{SD} = \dfrac{5,500 \times 0.5 \times 20}{10 \times 20 \times 1.3} = 211.54[\text{lx}]$ 답 : 211.54[lx]
>
> **Explanation**
> 조명 계산
> $FUN = ESD$
> 여기서, F[lm] : 광속, U[%] : 조명률, N[등] : 등수, E[lx] : 조도, $S[\text{m}^2]$: 면적
> $D = \dfrac{1}{M}$: 감광 보상률 $= \dfrac{1}{보수율}$
> 등수 $N = \dfrac{ESD}{FU}$ 이며 등수계산에서 소수점은 무조건 절상한다.

47 ★★★☆☆ 조명용 변압기의 주요 사양이 다음과 같을 때, 변압기 2차 측의 단락전류[kA]를 구하시오. 단, 전원측 %임피던스는 무시한다.

【 조건 】
• 상수 : 단상
• 용량 : 50[kVA]
• 전압 : 3.3[kV]/220[V]
• %임피던스 : 3[%]

- 계산 :   •답 :

Answer

계산 : $I_s = \dfrac{100}{\%Z}I_n = \dfrac{100}{\%Z} \times \dfrac{P}{V_2} = \dfrac{100}{3} \times \dfrac{50 \times 10^3}{220} \times 10^{-3} = 7.58[\text{kA}]$ 답 : 7.58[kA]

Explanation

단락전류

$I_s = \dfrac{100}{\%Z}I_n = \dfrac{100}{\%Z} \times \dfrac{P}{V_{2n}}[A]$ (2차 측 단락전류를 구할 때는 2차 정격전압을 사용)

48 ★★★☆☆

그림과 같이 수용가가 각각 1대씩의 변압기를 통해서 전력을 공급받고 있다. 각 변압기 상호간의 부등률은 1.2라고 할 때 다음 각 물음에 답하시오.

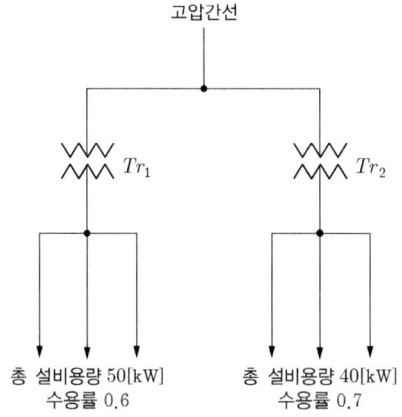

(1) 변압기 TR_1의 최대 부하는 몇 [kW]인가?
- 계산 :   •답 :

(2) 변압기 TR_2의 최대 부하는 몇 [kW]인가?
- 계산 :   •답 :

(3) 고압 간선의 합성최대수용전력은 몇 [kW]인가?
- 계산 :   •답 :

Answer

(1) A군의 최대 부하
계산 : $TR_1 = 50 \times 0.6 = 30[\text{kW}]$ 답 : 30[kW]

(2) B군의 최대 부하
계산 : $TR_2 = 40 \times 0.7 = 28[\text{kW}]$ 답 : 28[kW]

(3) 간선에 걸리는 최대 부하
계산 : 합성최대수용전력 $= \dfrac{TR_1 + TR_2}{\text{부등률}} = \dfrac{30 + 28}{1.2} = 48.33[\text{kW}]$ 답 : 48.33[kW]

Explanation

- 수용률 $= \dfrac{\text{최대전력}}{\text{설비용량}} \times 100[\%]$
- 최대 수용 전력(최대 부하) = 부하 설비 용량 × 수용률
- 합성 최대 전력 $= \dfrac{\text{설비용량} \times \text{수용률}}{\text{부등률}}$

49 건축 연면적이 350[m²]의 주택에 다음 조건과 같은 전기설비를 시설하고자 할 때 분전반에 사용할 20[A]와 30[A]의 분기회로 수는 각각 몇 회로로 하여야 하는지를 결정하시오. 단, 분전반의 인입 전압은 단상 220[V]이며, 전등 및 전열의 분기회로는 20[A], 에어콘은 30[A] 분기회로이다.

【 조건 】
- 전등과 전열용 부하는 30[VA/m²]
- 2,500[VA] 용량의 에어콘 2대
- 예비부하는 3,500[VA]
- 계산 :   • 답 :

Answer

계산 : 전등 전열 분기회로 수 $= \dfrac{350 \times 30 + 3,500}{220 \times 20} = 3.18$ 회로

에어컨 분기회로수 $= \dfrac{2,500 \times 2}{220 \times 30} = 0.76$ 회로

답 : 20[A]분기 4회로 선정, 에어컨은 30[A]분기 1회로 선정

Explanation

부하상정 및 분기회로

분기회로 수 $= \dfrac{\text{표준 부하 밀도}[\text{VA/m}^2] \times \text{바닥 면적}[\text{m}^2]}{\text{전압}[\text{V}] \times \text{분기회로의 전류}[\text{A}]}$

【주1】계산결과에 소수가 발생하면 절상한다.
【주2】220[V]에서 3[kW](110[V] 때는 1.5[kW])를 초과하는 냉방기기, 취사용 기기 등 대형 전기 기계기구를 사용하는 경우에는 단독 분기회로를 사용하여야 한다.

50 그림과 같은 교류 3상 3선식 전로에 연결된 3상 평형 부하가 있다. 이때 c상의 P점이 단선된 경우, 이 부하의 소비전력은 단선 전 소비전력에 비하여 어떻게 되는지 계산식을 이용하여 답하시오. 단, 선간 전압은 E[V]이며, 부하의 저항은 R[Ω]이다.

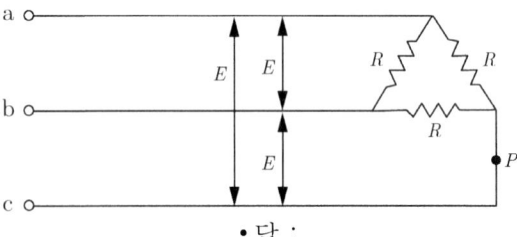

• 계산 :   • 답 :

Answer

계산 : • 단선 전 소비전력 $P = 3I_P^2 R$

$I_P = \dfrac{V_P}{R} = \dfrac{E}{R}$ ∴ $P = 3 \times \left(\dfrac{E}{R}\right)^2 \times R = \dfrac{3E^2}{R}$

• 단선 후 소비전력 $P' = \dfrac{E^2}{R} + \dfrac{E^2}{2R} = \dfrac{3E^2}{2R}$ ∴ $\dfrac{P'}{P} = \dfrac{\frac{3}{2}\frac{E^2}{R}}{3\frac{E^2}{R}} = \dfrac{1}{2}$

답 : $\dfrac{1}{2}$ 배로 감소

> **Explanation**

- 단선 전 : △결선

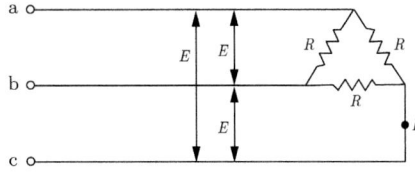

- 단선 후 : R과 $2R$의 병렬회로

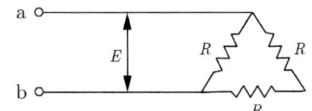

51 ★★★☆☆
폭 24[m]의 도로 양쪽에 30[m]의 간격으로 지그재그식으로 가로등을 배열하여 도로의 평균조도를 5[lx]로 하고자 한다. 각 가로등의 광속[lm]을 계산하시오. 단 가로면에서의 광속 이용률은 35[%]이고, 감광보상률은 1.3이다.

- 계산 :   • 답 :

> **Answer**

계산 : $FUN = ESD$ 에서

$$F = \frac{ESD}{UN} = \frac{5 \times \frac{24 \times 30}{2} \times 1.3}{0.35 \times 1} = 6,685.71[\text{lm}]$$

답 : 6,685.71[lm]

> **Explanation**

- 조명계산
  $FUN = ESD$
  여기서, F[lm] : 광속, U : 조명률, N : 등수
  E[lx] : 조도, S[m²] : 면적, $D = \frac{1}{M}$: 감광보상률 $= \frac{1}{\text{보수율(유지율)}}$

- 도로조명 설계 시
  - 등수는 1등을 기준으로 계산
  - 면적(a : 도로 폭, b : 등기구 간격)
    중앙배열, 한쪽배열(편측배열) : $S = a \cdot b$
    양쪽배열(대칭배열), 지그재그 식 : $S = \frac{a \cdot b}{2}$

52 ★★★☆☆
전원전압이 220[V]인 회로에서 700[W]의 전기솥 2대, 600[W]의 다리미 1대, 150[W]의 텔레비전 2대를 사용할 때 10[A]의 고리 퓨즈의 상태(용단여부)와 그 이유를 적으시오.

- 상태 :   • 이유 :

> **Answer**

상태 : 용단되지 않는다.

이유 : 부하전류 $I = \frac{P}{V} = \frac{700 \times 2 + 600 + 150 \times 2}{220} = 10.45[\text{A}]$

저압용 고리 퓨즈는 정격전류의 1.5배인 15[A]의 전류에서 견디어야 하므로 용단되지 않아야 한다.

> **Explanation**

(KEC 212.3.4조) 보호장치의 특성
과전류차단기로 저압전로에 사용하는 범용의 퓨즈(「전기용품 및 생활용품 안전관리법」에서 규정하는 것을 제외)는 아래 표에
적합한 것이어야 한다

정격전류의 구분	시간	정격전류의 배수	
		불용단 전류	용단 전류
4[A] 이하	60분	1.5배	2.1배
4[A] 초과 16[A] 미만	60분	1.5배	1.9배
16[A] 이상 63[A] 이하	60분	1.25배	1.6배
63[A] 초과 160[A] 이하	120분	1.25배	1.6배
160[A] 초과 400[A] 이하	180분	1.25배	1.6배
400[A] 초과	240분	1.25배	1.6배

53 ★★★☆☆ 공장 조명 설계 시 에너지 절약대책을 4가지만 쓰시오.

Answer

① 고효율 등기구 채택
② 고조도 저휘도 반사갓 채택
③ 등기구의 격등 제어 및 적정한 회로 구성
④ 전반조명과 국부조명(TAL 조명)을 적절히 병용하여 이용

Explanation

조명 설계 시 에너지 절약대책
① 고효율 등기구 채택
② 고조도 저휘도 반사갓 채택
③ 등기구의 격등 제어 및 적정한 회로 구성
④ 전반조명과 국부조명(TAL 조명)을 적절히 병용하여 이용
⑤ 슬림라인 형광등 및 안정기 내장형 램프 채택
⑥ 재실감지기 및 카드키 채택
⑦ 적절한 조광제어실시
⑧ 고역률 등기구 채택
⑨ 창측 조명기구 개별점등
⑩ 등기구의 적절한 보수 및 유지 관리 등이 있다.

54 ★★★☆☆ 그림은 어느 공장의 하루의 전력부하곡선이다. 다음 그림을 보고 각 질문에 답하여라. 단, 설비용량은 80[kW]이다.

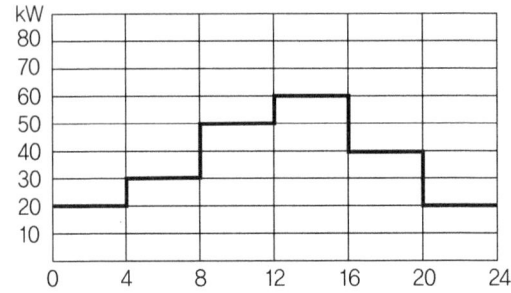

(1) 이 공장의 평균전력은?

• 계산 :   • 답 :
(2) 이 공장의 일부하율은?
  • 계산 :   • 답 :
(3) 이 공장의 수용률은?
  • 계산 :   • 답 :

Answer

(1) 계산 : $\dfrac{20\times 4+30\times 4+50\times 4+60\times 4+40\times 4+20\times 4}{24}=36.67[\text{kW}]$ 답 : 36.67[kW]

(2) 계산 : 일부하율 $=\dfrac{36.67}{60}\times 100=61.12[\%]$ 답 : 61.12[%]

(3) 계산 : 수용률 $=\dfrac{60}{80}\times 100=75[\%]$ 답 : 75[%]

Explanation

• 수용률 $=\dfrac{\text{최대 수용전력}}{\text{부하설비용량}}\times 100[\%]$

• 부하율 $=\dfrac{\text{평균 수용전력}[\text{kW}]}{\text{합성 최대수용전력}[\text{kW}]}\times 100[\%]$

• 평균 수용전력 $=\dfrac{\text{사용 전력량}[\text{kWh}]}{\text{사용 시간}[\text{h}]}[\text{kW}]$

 ★★★☆☆
3상 4선식 교류 380[V], 15[kVA] 3상 부하가 변전실 배전반 전용 변압기에서 190[m] 떨어져 설치되어 있다. 이 경우 간선 케이블의 최소 굵기를 구하고 케이블을 선정하시오. 단, 케이블 규격은 IEC에 의한다.
  • 계산 :   • 답 :

Answer

계산 : 거리가 190[m]이므로 100[m]를 초과하는 부분의 전압강하는
  $(190-100)\times 0.005 = 0.45[\%]$
  총 전압강하는 $5+0.45=5.45[\%]$이므로
  전류 $I=\dfrac{P_a}{\sqrt{3}\,V}=\dfrac{15\times 10^3}{\sqrt{3}\times 380}=22.79[\text{A}]$
  전선의 굵기 $A=\dfrac{17.8LI}{1,000e}=\dfrac{17.8\times 190\times 22.79}{1,000\times 220\times 0.0545}=6.43[\text{mm}^2]$ 답 : 10[mm²] 선정

Explanation

허용 전압 강하
(1) 다른 조건을 고려하지 않는다면 수용가 설비의 인입구로부터 기기까지의 전압강하는 표의 값 이하이어야 한다.

설비의 유형	조명[%]	기타[%]
A – 저압으로 수전하는 경우	3	5
B – 고압 이상으로 수전하는 경우	6	8

가능한 한 최종회로 내의 전압강하가 A 유형의 값을 넘지 않도록 하는 것이 바람직하다.
사용자의 배선설비가 100[m]를 넘는 부분의 전압강하는 미터 당 0.005[%] 증가할 수 있으나 이러한 증가분은 0.5[%]를 넘지 않아야 한다.

※ 최대 전압강하
저압배선에 대하여 저압으로 수전하는 경우 계량기 2차측 단자에서부터 해당 부하까지, 고압이상 수전하는 경우는 변압기 2차측 단자에서부터 해당 부하까지 포함하는 전압강하임.
(2) 다음의 경우에는 표보다 더 큰 전압강하를 허용할 수 있다.
　① 기동 시간 중의 전동기
　② 돌입전류가 큰 기타 기기
(3) 다음과 같은 일시적인 조건은 고려하지 않는다.
　① 과도과전압
　② 비정상적인 사용으로 인한 전압 변동

• 전압 강하 및 전선의 단면적 계산

전기 방식	전압 강하		전선 단면적	대상 전압강하
단상 3선식 직류 3선식 3상 4선식	IR	$e = \dfrac{17.8LI}{1,000A}$	$A = \dfrac{17.8LI}{1,000e}$	대지와 선간
단상 2선식 직류 2선식	$2IR$	$e = \dfrac{35.6LI}{1,000A}$	$A = \dfrac{35.6LI}{1,000e}$	선간
3상 3선식	$\sqrt{3}\,IR$	$e = \dfrac{30.8LI}{1,000A}$	$A = \dfrac{30.8LI}{1,000e}$	선간

여기서, e : 전압강하[V], A : 사용전선의 단면적 [mm²]
　　　　L : 선로의 길이[m], C : 전선의 도전율(97[%])

• KS C IEC 전선 규격

전선의 공칭단면적 [mm²]			
1.5	16	95	300
2.5	25	120	400
4	35	150	500
6	50	185	630
10	70	240	

56. ★★★☆☆
CIRCUIT BREAKER(차단기)와 DISCONNECTING SWITCH(단로기)의 차이점을 서술하시오.

• 차단기 :　　　　　　　　　　　　• 단로기 :

Answer

• 차단기(CB) : 부하 전류를 개폐하거나 또는 기기나 계통에서 발생한 고장 전류를 차단하여 전로나 기기를 보호
• 단로기(DS) : 전선로나 전기기기의 수리, 점검을 하는 경우 차단기로 차단된 무부하 상태의 전로를 확실하게 열기 위하여 사용되는 개폐기(무부하 회로 개폐)

Explanation

전력용 개폐장치
• 단로기(DS : Disconnecting Switch)
　단로기는 무부하 회로 개폐 장치로서 고장전류 및 부하전류도 개폐할 수 없다.
　그러나, 무부하 충전전류 및 변압기 여자전류는 개폐가 가능하다.
• 개폐기
　개폐기는 부하개폐는 가능하나 고장전류 차단을 할 수 없는 것으로 종류에는 유입개폐기, 부하개폐기 등이 있다.
• 차단기(CB : Circuit Breaker)
　차단기는 정상적인 부하 전류 개폐뿐만 아니라 고장전류를 차단할 수 있는 차단 능력을 가진다.

57 ★★★☆☆ 철손과 동손이 같을 때 변압기 효율은 최고로 된다. 단상 220[V], 50[kVA]의 변압기의 정격전압에서 철손은 10[W], 전부하에서 동손은 160[W]이면 효율이 가장 크게 되는 것은 몇 [%]인가?

• 계산 :   • 답 :

Answer

계산 : $\dfrac{1}{m} = \sqrt{\dfrac{P_i}{P_c}} \times 100 = \sqrt{\dfrac{10}{160}} \times 100 = 25\,[\%]$ 답 : 25[%]

Explanation

• 최대 효율 조건
 - 전부하시 $P_i = P_c$ (철손=동손)
 - $\dfrac{1}{m}$ 부하 시 $P_i = \left(\dfrac{1}{m}\right)^2 P_c$

58 ★★★☆☆ 단상변압기 3대를 △ − △ 결선하고 이 결선 방식의 장점과 단점을 3가지씩 나열하시오.

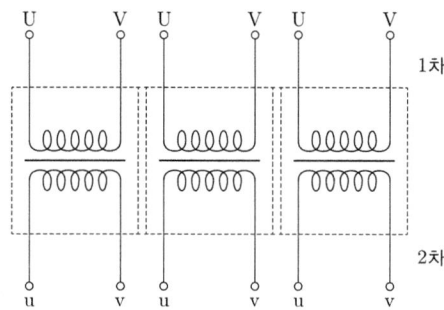

(1) 장점
 ①
 ②
 ③
(2) 단점
 ①
 ②
 ③

Answer

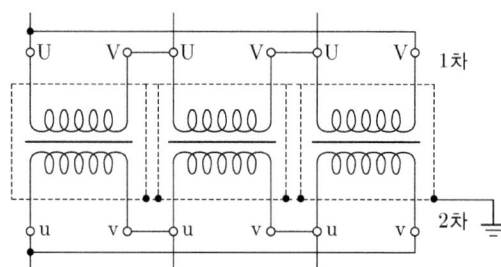

[장점]
① 제3고조파 전류가 △결선 내를 순환하므로 정현파 교류 전압을 유기하여 기전력의 파형이 왜곡되지 않는다.
② 1대가 고장이 나면 나머지 2대로 V결선하여 사용할 수 있다.
③ 각 변압기의 상전류가 선전류의 $\frac{1}{\sqrt{3}}$이 되어 대전류에 적합하다.

[단점]
① 중성점을 접지할 수 없으므로 지락사고의 검출이 곤란하다.
② 권수비가 다른 변압기를 결선하면 순환전류가 흐른다.
③ 각 상의 임피던스가 다를 경우 3상 부하가 평형이 되어도 변압기의 부하전류는 불평형이 된다.

Explanation

△-△ 결선

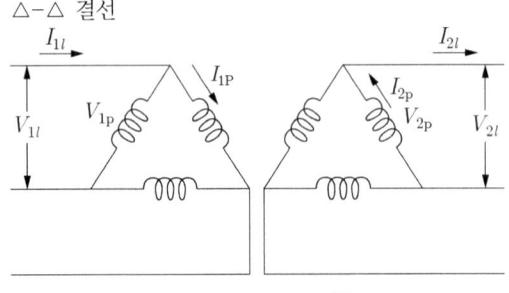

① 선전류가 상전류보다 크기가 $\sqrt{3}$배이며 위상은 30° 뒤진다.
 $I_l = \sqrt{3}\,I_p \angle -30°$
 여기서, I_p : 상전류[A]
     I_l : 선전류[A]

② 상전압과 선간전압은 크기가 같고 위상은 동상이다.
 $V_l = V_p$
 여기서, V_p : 상전압[V]
     V_l : 선간전압[V]

③ 3상 출력 $P_\triangle = 3V_pI_p = 3K$
 여기서, K : 변압기 1대 용량

④ △-△결선의 특징
 • 1대 고장 시 V-V 결선으로 3상 전력 공급이 가능하다.
 • 제3고조파 전류가 △결선 내를 순환하므로 정현파 교류전압을 유기하여 기전력의 파형이 왜곡되지 않는다.
 • 중성점을 접지할 수 없으므로 이상전압에 의한 전압 상승이 크며 지락사고 검출이 곤란하다.
 • 권수가 다른 변압기를 결선하면 순환전류가 흐른다.
 • 각 상의 임피던스가 다를 경우 3상 부하가 평형이 되어도 변압기의 부하전류는 불평형이 된다.

59 ★★★☆☆
수전 전압 6,600[V], 수전전력 450[kW](역률 0.8)인 고압 수용가의 수전용 차단기에 사용하는 과전류계전기의 사용 탭은 몇 [A]인지 구하시오. 단, CT의 변류비는 75/5로 하고 탭 설정 값은 부하전류의 150[%]로 한다.

• 계산 :   • 답 :

Answer

계산 : 정격 1차 전류 $I_1 = \dfrac{450 \times 10^3}{\sqrt{3} \times 6,600 \times 0.8} = 49.21$[A]

탭 설정값은 부하전류의 150[%]이므로

OCR에 흐르는 전류 $= 49.21 \times 1.5 \times \dfrac{5}{75} = 4.92[A]$ 답 : 5[A]

Explanation

- 과전류 계전기의 전류 탭(I_{Tap})=부하전류(I)$\times \dfrac{1}{변류비} \times$ 설정값
- OCR(과전류 계전기)의 탭 전류
  2[A], 3[A], 4[A], 5[A], 6[A], 7[A], 8[A], 10[A], 12[A]

60 ★★★☆☆
수전 전압 22.9[kV] 변압기 용량 3,000[kVA]의 수전 설비를 계획할 때 외부와 내부의 이상 전압으로부터 계통의 기기를 보호하기 위해 설치해야 할 기기의 명칭과 그 설치 위치를 설명하시오. 단, 변압기는 몰드형으로서 변압기 1차의 주 차단기는 진공차단기를 사용하고자 한다.

(1) 낙뢰 등 외부 이상 전압
  - 기기명 :   • 설치 위치 :

(2) 개폐 이상 전압 등 내부 이상 전압
  - 기기명 :   • 설치 위치 :

Answer

(1) 기기명 : 피뢰기
   설치 위치 : 진공차단기 1차 측
(2) 기기명 : 서지 흡수기
   설치 위치 : 진공차단기 2차 측과 몰드형 변압기 1차 측 사이

Explanation

(내선규정 3,260) 서지 흡수기
- 구내선로에서 발생할 수 있는 개폐서지, 순간 과도 전압 등으로 2차 기기에 악영향을 주는 것을 막기 위해 서지 흡수기를 설치하는 것이 바람직하다.
- 설치 위치 : 서지 흡수기는 보호하려는 기기 전단으로 개폐서지를 발생하는 차단기 후단과 부하 측 사이에 설치 운용한다.

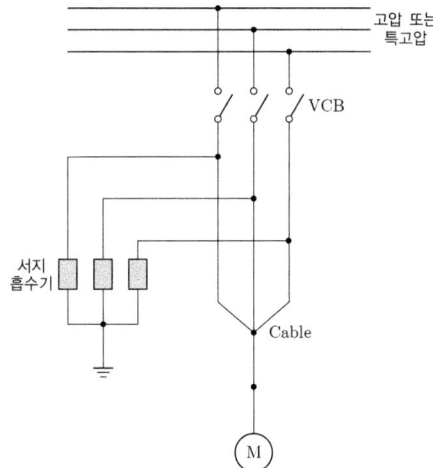

61 ★★★☆☆

폭 12[m], 길이 18[m], 천장 높이 3.1[m], 작업면(책상 위) 높이 0.85[m]인 사무실이 있다. 이 사무실의 천장은 백색 택스로 마감하였으며, 벽면은 옅은 크림색으로 마감하였고, 실내 조도는 500[lx], 조명기구는 40[W] 2등용(H형) 팬던트를 설치하고자 한다. 이때 다음 조건을 이용하여 각 질문의 설계를 하도록 하시오.

[조건]
- 천장의 반사율은 50[%], 벽의 반사율은 30[%]로서 H형 팬던트의 기구를 사용할 때 조명률은 0.61로 한다.
- H형 팬던트 기구의 보수율은 0.75로 하도록 한다.
- H형 팬던트의 길이는 0.5[m]이다.
- 램프의 광속은 40[W] 1등당 3,300[lm]으로 한다.
- 조명기구의 배치는 5열로 배치하도록 하고, 1열당 등수는 동일하게 한다.

(1) 광원의 높이는 몇 [m]인가?
(2) 이 사무실의 실지수는 얼마인가?
 • 계산 :   • 답 :
(3) 이 사무실에는 40[W] 2등용(H형) 팬던트의 조명기구를 몇 개 설치하여야 하는가?
 • 계산 :   • 답 :

Answer

(1) $H = 3.1 - 0.85 - 0.5 = 1.75 [m]$

(2) 계산 : 실지수 $= \dfrac{XY}{H(X+Y)} = \dfrac{12 \times 18}{1.75(12+18)} = 4.11$ 답 : 4.0

(3) 계산 : $N = \dfrac{ESD}{FU} = \dfrac{500 \times (12 \times 18) \times \dfrac{1}{0.75}}{3,300 \times 2 \times 0.61} = 35.77$ 답 : 40[개]

Explanation

- 등의 높이[m] = 천장 높이 − 팬던트 길이 − 책상 높이
 $H = 3.2 - 0.5 - 0.85 = 1.85 [m]$
- 조명 계산
 $FUN = ESD$
 여기서, F[lm] : 광속, U[%] : 조명률, N[등] : 등수
  E[lx] : 조도, S[m^2] : 면적, $D = \dfrac{1}{M}$: 감광 보상률 $= \dfrac{1}{보수율(유지율)}$
- 램프는 40[W] 2등용을 사용하므로 전광속은 형광등 한 등당 3,300[lm]이므로 전광속 $F = 3,300 \times 2$ [lm]
- 문제에서 조명기구의 배치는 5열로 배치하라고 하였다. 36등으로는 5열을 균등하게 배치할 수 없으므로 40[개]를 설치하여야 한다.
- 실지수표

기호	A	B	C	D	E	F	G	H	I	J
실지수	5.0	4.0	3.0	2.5	2.0	1.5	1.25	1.0	0.8	0.6
범위	4.5 이상	4.5~3.5	3.5~2.75	2.75~2.25	2.25~1.75	1.75~1.38	1.38~1.12	1.12~0.9	0.9~0.7	0.7 이하

62 ★★★☆☆

실내 바닥에서 3[m] 떨어진 곳에 300[cd]인 전등이 점등되어 있는데 이 전등 바로 아래에서 수평으로 4[m] 떨어진 곳의 수평면조도는 몇 [lx]인지 구하시오.

• 계산 : • 답 :

Answer

계산 : $E_h = \dfrac{I}{r^2}\cos\theta = \dfrac{300}{5^2} \times \dfrac{3}{\sqrt{3^2+4^2}} = 7.2$ [lx]

답 : 7.2[lx]

Explanation

• 수평면조도

여기서, $r = \sqrt{h^2+d^2}$

• 수평면조도 $E_h = \dfrac{I}{r^2}\cos\theta = \dfrac{I}{h^2}\cos^3\theta$ [lx]

여기서, $r\cos\theta = h$ 이므로 $r = \dfrac{h}{\cos\theta}$

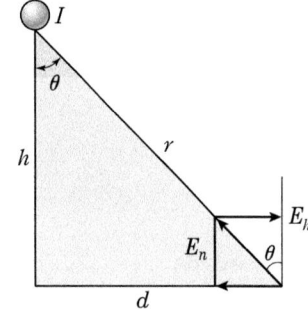

63 ★★★☆☆

단상 2선식 220[V]로 공급되는 전동기가 절연열화로 인하여 외함에 전압이 인가될 때 사람이 접촉하였다. 이때의 접촉 전압은 몇 [V]인지 구하시오. 단, 변압기 2차 측 접지저항은 9[Ω], 전로의 저항은 1[Ω], 전동기 외함의 접지저항은 100[Ω]이다.

• 계산 : • 답 :

Answer

계산 : $I_g = \dfrac{220}{9+1+100} = 2$[A]

$e = I_g \cdot R_3 = 2 \times 100 = 200$[V]

답 : 200[V]

Explanation

• 지락전류 $I_g = \dfrac{V}{R_2+R+R_3}$ [A]

• 접촉 전압 $e = R_3 \cdot I_g$

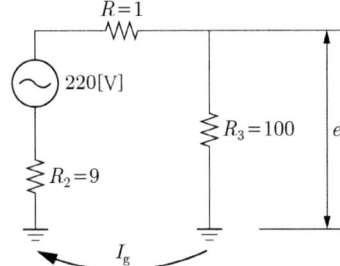

64 ★★★☆☆ 그림과 같은 교류 단상 3선식 선로를 보고 다음 각 질문에 답하시오.

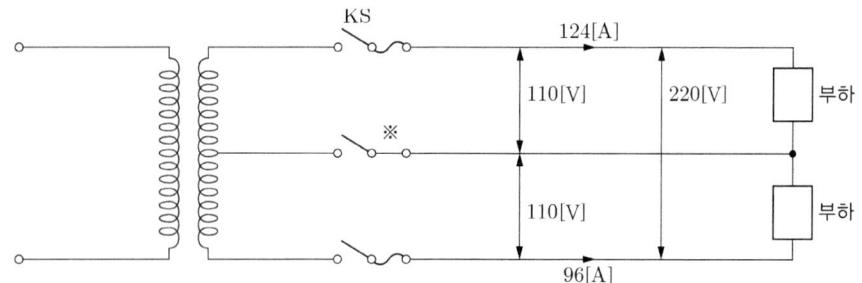

(1) 도면의 잘못된 부분을 고쳐서 그리고 잘못된 부분에 대한 이유를 설명하시오.
(2) 부하 불평형률은 몇 [%]인가?
　• 계산 :　　　　　　　　　　　　　　　• 답 :
(3) 도면에서 '※' 부분에 퓨즈를 넣지 않고 동선을 연결하였다. 옳은 방법인지의 여부를 구분하고 그 이유를 설명하시오.

Answer

(1)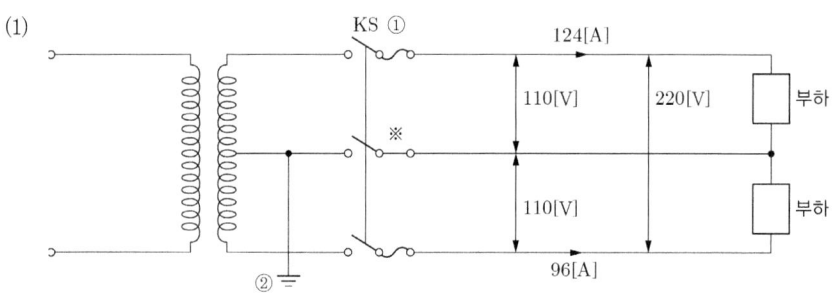

① 개폐기는 동시동작형 개폐기를 시설한다.
　이유 : 동시에 개폐되지 않을 경우 전압 불평형이 나타날 수 있다.
② 변압기의 2차 측 중성선에는 접지 공사를 하여야 한다.
　이유 : 1, 2차 혼촉 시 2차 측 전위 상승 억제

(2) 설비 불평형률 $= \dfrac{(124-96) \times 110}{\dfrac{1}{2}(124+96) \times 110} \times 100 = 25.45[\%]$ 　　　　답 : 25.45[%]

(3) 옳다.
　이유 : 퓨즈가 용단되는 경우에는 경부하 측의 전위가 상승되어 전압 불평형이 발생

Explanation

• 단상 3선식의 결선 조건

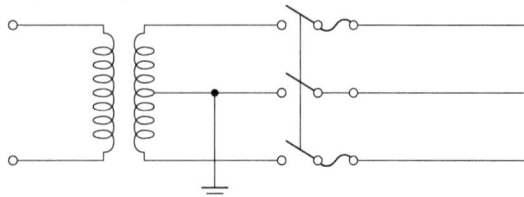

– 2차 측 중성선에는 퓨즈를 삽입하지 말 것
– 2차 측 중성선에는 접지 공사할 것
– 개폐기는 동시동작형 개폐기 사용할 것

• 단상 3선식에서 설비 불평형률

$$\text{설비 불평형률} = \frac{\text{중성선과 각 전압측 전선간에 접속되는 부하설비용량[kVA]의 차}}{\text{총 부하설비용량[kVA]의 }1/2} \times 100[\%]$$

여기서, **불평형은 40[%] 이하이어야 한다.**

65 ★★★☆☆

계기용 변압기(PT)와 전압 전환 개폐기(VS 혹은 VCS)로 모선 전압을 측정하려고 한다.

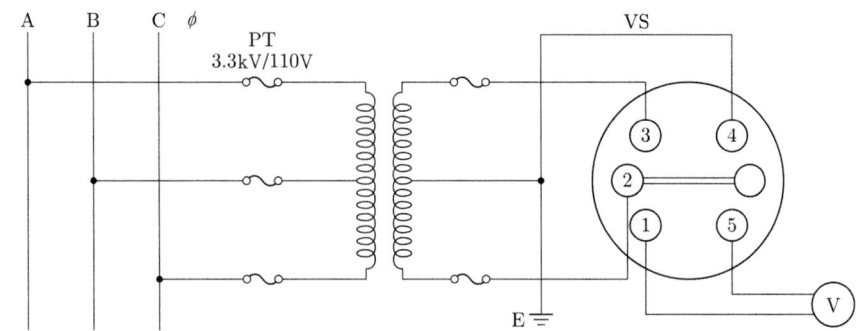

(1) V_{AB} 측정 시 VS 단자 중 단락되는 접점을 2가지 쓰시오.
(2) V_{BC} 측정 시 VS 단자 중 단락되는 접점을 2가지 쓰시오.
(3) PT 2차 측을 접지하는 이유를 기술하시오.

Answer

(1) ①-③, ④-⑤
(2) ①-②, ④-⑤
(3) 이유 : PT의 절연 파괴 시 고저압 혼촉 사고로 인한 2차 측의 전위 상승을 방지하기 위하여

Explanation

• PT 점검 시 : 2차 측 개방(2차 측 과전류 방지)

66 ★★★☆☆

단상 콘덴서 3개를 선간전압 3,300[V], 주파수 60[Hz]의 선로에 △로 접속하여 60[kVA]가 되도록 하려면 콘덴서 1개의 정전용량[μF]은 약 얼마로 하여야 하는가?

• 계산 :   • 답 :

Answer

계산 : $Q = 3EI_c = 3 \times 2\pi fCV^2$이므로,

1개의 정전 용량 $C = \dfrac{Q}{6\pi fV^2} = \dfrac{60 \times 10^3}{6\pi \times 60 \times 3,300^2} \times 10^6 = 4.87[\mu F]$ 답 : $4.87[\mu F]$

Explanation

3상 충전용량

$Q_c = 3E \cdot I_c = 3E\dfrac{E}{X_c} = 3E\dfrac{E}{\dfrac{1}{\omega C}} = 3\omega CE^2 \times 10^{-3}[\text{KVA}]$

(1) △결선인 경우($V = E$)
    $Q_\triangle = 3\omega CE^2 = 3\omega CV^2$

(2) Y결선인 경우($V = \sqrt{3}\,E$)

$$Q_Y = 3\omega CE^2$$
$$= 3\omega CE^2 = 3\omega C\left(\frac{V}{\sqrt{3}}\right)^2$$
$$= \omega CV^2$$

67 ★★★☆☆ 다음과 같은 전등부하 계통에 전력을 공급하고 있다. 다음 각 물음에 답하시오.

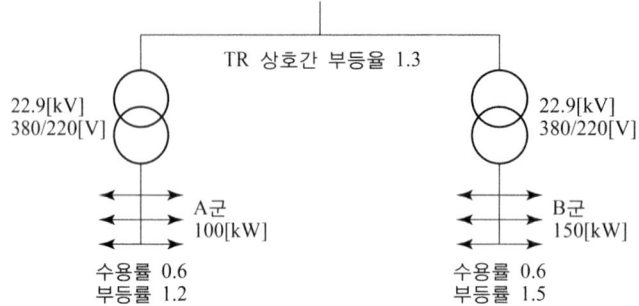

(1) 수용가의 변압기 용량을 각각 구하시오.
   ① A군 수용가
      • 계산 :   • 답 :
   ② B군 수용가
      • 계산 :   • 답 :
(2) 고압간선에 걸리는 최대부하[kW]를 구하시오.
      • 계산 :   • 답 :

Answer

(1) ① A군 수용가

   계산 : $T_{r_A} = \dfrac{100 \times 0.6}{1.2} = 50[\text{kVA}]$ 답 : 50[kVA]

   ② B군 수용가

   계산 : $T_{r_B} = \dfrac{150 \times 0.6}{1.5} = 60[\text{kVA}]$ 답 : 60[kVA]

(2) 계산 : $\dfrac{50 + 60}{1.3} = 84.62[\text{kW}]$ 답 : 84.62[kW]

Explanation

변압기 용량[kVA] = $\dfrac{\text{부하 설비 용량} \times \text{수용률}}{\text{부등률} \times \text{역률}}$

부하의 역률이 주어지지 않았으므로 $\cos\theta = 1$로 계산한다.

68 ★★★☆☆ 단상 500[kVA] 변압기 3대를 △-Y 결선으로 하였을 경우, 저압측에 설치하는 차단기의 차단 용량을 계산하여 계산하시오. 단, 변압기의 임피던스는 5[%]이다.
      • 계산 :   • 답 :

Answer

계산 : $P_s = \dfrac{100}{\%Z} P_n = \dfrac{100}{5} \times 500 \times 3 \times 10^{-3} = 30 [\text{MVA}]$ 답 : 30[MVA]

Explanation

단락용량 $P_s = \dfrac{100}{\%Z} P_n$

 ★★★☆☆

1,000[kVA] 단상 변압기 3대를 △ − △ 결선의 1뱅크로 하여 사용하고 있는 변전소가 있다. 지금 부하의 증가로 동일한 용량의 단상 변압기 1대를 추가하여 운전하려고 할 때, 다음 질문에 답하시오.

(1) 3상의 최대 부하에 대응할 수 있는 결선법은 무엇인가?
(2) 최대 몇 [kVA]의 3상 부하에 대응할 수 있겠는가?
  • 계산 :   • 답 :

Answer

(1) V−V결선 2뱅크
(2) 계산 : $P = 2P_V = 2 \times \sqrt{3} P_1 = 2 \times \sqrt{3} \times 1,000 = 3,464.1 [\text{kVA}]$ 답 : 3,464.1[kVA]

Explanation

• V결선 : 단상 변압기 2대로 3상 공급
 출력 $P_V = \sqrt{3} K$ 여기서, K는 변압기 1대 용량
• 단상 변압기 4대로 V결선 2 bank로 구성
 $P = 2 \times P_V = 2 \times \sqrt{3} K$

 ★★★☆☆

욕실 등 인체가 물에 젖어 있는 상태에서 물을 사용하는 장소에 콘센트를 시설하는 경우에 설치해야 하는 인체감전보호용 누전 차단기의 정격감도전류와 동작 시간은 얼마 이하를 사용하여야 하는지 쓰시오.

• 정격감도전류   • 동작 시간

Answer

• 정격감도전류 : 15[mA] 이하   • 동작 시간 : 0.03[sec] 이하

Explanation

(KEC 234.5조) 콘센트의 시설
욕실 등 인체가 물에 젖어 있는 상태에서 물을 사용하는 장소에 콘센트를 시설하는 경우에는 다음 각 호에 따라 시설하여야 한다.
• 전기용품 및 생활용품 안전관리법의 적용을 받는 인체감전보호용 누전 차단기(전기용품 안전기준 또는 KS C 4,613의 규정에 적합한 정격감도전류 15[mA] 이하, 동작 시간 0.03초 이하의 전류동작형의 것에 한한다.) 또는 절연변압기(정격 용량 3[kVA] 이하인 것에 한한다.)로 보호된 전로에 접속하거나 인체감전보호용 누전 차단기가 부착된 콘센트를 시설하여야 한다.
• 콘센트는 접지극이 있는 방적형 콘센트를 사용하여 접지하여야 한다.

71. 농형 유도전동기의 기동법을 적으시오.

-
-
-
-

Answer

전전압 기동법, Y-△ 기동법, 리액터 기동법, 기동 보상기법

Explanation

농형 유도전동기 기동법
① 전전압 기동(직입 기동)
　5[kW] 이하의 소형 농형 유도전동기에서 사용되며 직접 전압을 가하는 기동 방식이다.
② Y-△ 기동
　5~15[kW] 정도의 전동기에서는 기동전류 제한을 위해 기동은 Y결선으로 하고 운전은 △결선을 이용하는 방식
③ 리액터 기동
　농형 유도전동기의 1차 측에 리액터를 설치하여 리액턴스에 의해 인가되는 전압을 감전압하여 기동하는 방식
④ 기동 보상기법
　15[kW] 이상인 농형 유도전동기는 단권변압기를 이용하여 전동기에 인가되는 기동전압을 낮추어서 기동하는 방식

72. 다음 그림은 배전반에서 계측을 하기 위한 계기용 변성기이다. 그림을 보고 명칭, 약호, 심벌, 역할에 알맞은 내용을 써 넣으시오.

구분		
명칭		
약호		
심벌		
역할		

Answer

구분		
명칭	변류기	계기용 변압기
약호	CT	PT
심벌	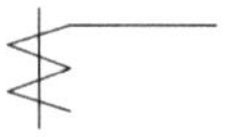	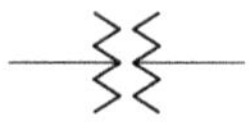
역할	대전류를 소전류로 변성하여 계기 및 고전류 계전기에 공급한다.	고전압을 저전압으로 변성시켜 계기 및 계전기 등의 전원으로 사용한다.

73 주어진 도면을 보고 다음 각 물음에 답하시오.

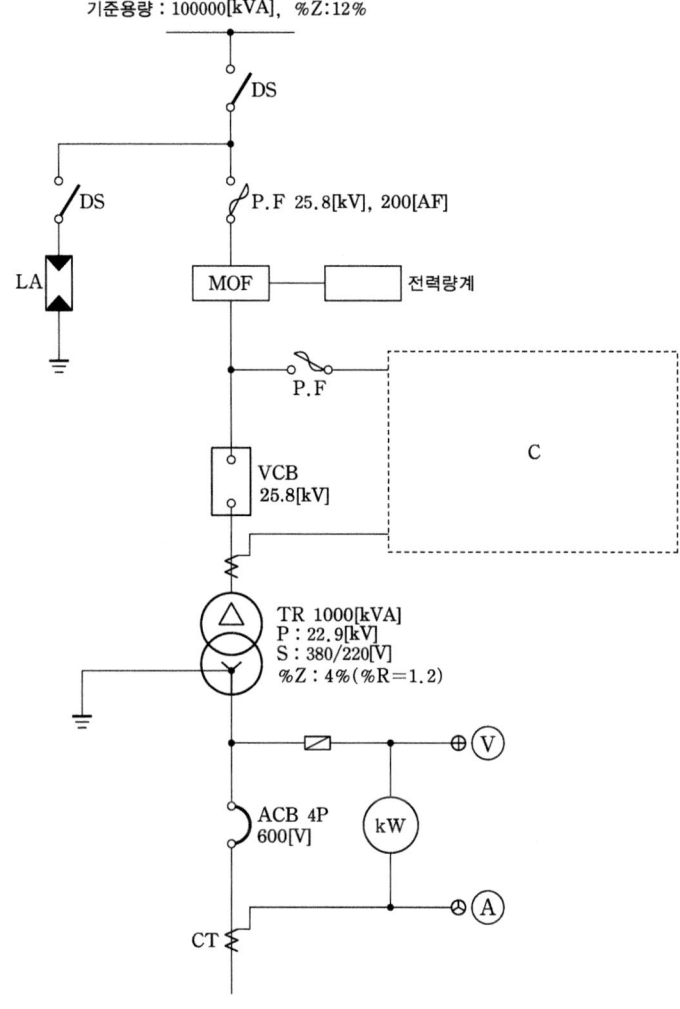

(1) LA의 명칭과 그 기능을 설명하시오.
(2) VCB의 필요한 최소 차단용량[MVA]을 구하시오.
 • 계산: • 답:
(3) 도면 C 부분의 계통도에 그려져야 할 것들 중에서 그 종류를 5가지만 쓰시오.
(4) ACB의 최소 차단전류[kA]를 구하시오.
 • 계산: • 답:
(5) 최대 부하 800[kVA], 역률 80[%]인 경우 변압기에 의한 전압변동률[%]을 구하시오.
 • 계산: • 답:

Answer

(1) • 명칭 : 피뢰기
    • 기능 : 이상 전압이 내습하면 대지로 방전시키고, 속류를 차단한다.
(2) 계산 : 전원 측 %Z가 100[MVA]에 대하여 12[%]이므로
  $P_s = \dfrac{100}{\%Z} \times P_n$ [MVA]에서

$$P_s = \frac{100}{12} \times 100 = 833.33[\text{MVA}]$$

답 : 833.33[MVA]

(3) ① 계기용변압기　② 전압계용 전환 개폐기　③ 전압계
　　④ 과전류 계전기　　⑤ 전류계용 전환 개폐기　⑥ 전류계
　　⑦ 역률계

(4) 계산 : 변압기 %Z를 100[MVA]로 환산하면

$$\%Z_T = \frac{100,000}{1,000} \times 4 = 400[\%]$$

합성 $\%Z = 12 + 400 = 412[\%]$

단락전류 $I_s = \frac{100}{\%Z}I_n = \frac{100}{412} \times \frac{100 \times 10^6}{\sqrt{3} \times 380} \times 10^{-3} = 36.88[\text{kA}]$

답 : 36.88[kA]

(5) 계산 : %저항 강하 $p = 1.2 \times \frac{800}{1,000} = 0.96[\%]$

%리액턴스 강하 $q = \sqrt{4^2 - 1.2^2} \times \frac{800}{1,000} = 3.05[\%]$

전압 변동률 $\epsilon = p\cos\theta + q\sin\theta = 0.96 \times 0.8 + 3.05 \times 0.6 = 2.598[\%]$

답 : 2.6[%]

Explanation

- 단락용량 $P_s = \frac{100}{\%Z}P_n$

- 단락전류 $I_s = \frac{100}{\%Z}I_n = \frac{100}{\%Z} \times \frac{P}{\sqrt{3}\,V}$

- 전원 측에 차단기가 설치되어 있는 경우 차단기 용량이 주어지면

%임피던스는 $\%Z_s = \frac{100}{P_s} \times P_n$　　여기서, P_s : 전원 측에 설치된 차단기 용량

- 전압변동률 $\epsilon = p\cos\theta + q\sin\theta$ 에서
여기서, %저항강하, %리액턴스 강하는 용량에 비례

★★★☆☆

어떤 콘덴서 3개를 선간전압 3,300[V], 주파수 60[Hz]의 선로에 △로 접속하여 60[kVA]가 되도록 하려면 콘덴서 1개의 정전용량[μF]은 약 얼마로 하여야 하는지 구하시오.

- 계산 :　　　　　　　　　　　　　　• 답 :

Answer

계산 : $Q = 3EI_c = 3E\dfrac{E}{X_c} = 3E\dfrac{E}{\dfrac{1}{\omega C}} = 3\omega C E^2 = 3\omega C V^2 = 3 \times 2\pi f C V^2$ 이므로,

1개의 정전 용량 $C = \dfrac{Q}{6\pi f V^2} = \dfrac{60 \times 10^3}{6\pi \times 60 \times 3,300^2} \times 10^6 = 4.87[\mu\text{F}]$

답 : 4.87[μF]

Explanation

3상 콘덴서의 충전용량 $Q_c = 3E \cdot I_c = 3E\dfrac{E}{X_c} = 3E\dfrac{E}{\dfrac{1}{\omega C}} = 3\omega C E^2 \times 10^{-3}[\text{kVA}]$

(1) △결선인 경우($V = E$)

$Q_\triangle = 3\omega C E^2 = 3\omega C V^2$

(2) Y결선인 경우($V = \sqrt{3}\,E$)

$Q_Y = 3\omega C E^2 = 3\omega C \left(\dfrac{V}{\sqrt{3}}\right)^2 = \omega C V^2$

75 ★★★☆☆

3상 154[kV] 시스템의 회로도와 조건을 이용하여 점 F에서 3상 단락 고장이 발생하였을 때 단락전류 등을 154[kV], 100[MVA] 기준으로 계산하는 과정에 대한 다음 각 질문에 답하시오.

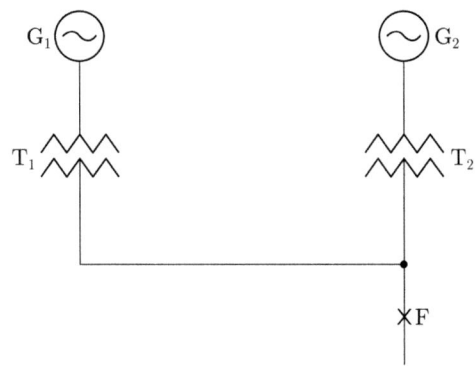

[조건]
① 발전기 G_1 : $S_{G1} = 20$[MVA], $\%Z_{G1} = 30$[%]
　　　　　G_2 : $S_{G2} = 5$[MVA], $\%Z_{G2} = 30$[%]
② 변압기 T_1 : 전압 11/154[kV], 용량 : 20[MVA], $\%Z_{T1} = 10$[%]
　　　　　T_2 : 전압 6.6/154[kV], 용량 : 5[MVA], $\%Z_{T2} = 10$[%]
③ 송전선로 : 전압 154[kV], 용량 : 20[MVA], $\%Z_{TL} = 5$[%]

(1) 정격 전압과 정격 용량을 각각 154[kV], 100[MVA]로 할 때 정격 전류(I_n)를 구하시오.
　• 계산 :　　　　　　　　　• 답 :

(2) 발전기(G_1, G_2), 변압기(T_1, T_2) 및 송전선로의 %임피던스 $\%Z_{G1}$, $\%Z_{G2}$, $\%Z_{T1}$, $\%Z_{T2}$, $\%Z_{TL}$을 각각 구하시오.
　① $\%Z_{G1}$
　　• 계산 :　　　　　　　　　• 답 :
　② $\%Z_{G2}$
　　• 계산 :　　　　　　　　　• 답 :
　③ $\%Z_{T1}$
　　• 계산 :　　　　　　　　　• 답 :
　④ $\%Z_{T2}$
　　• 계산 :　　　　　　　　　• 답 :
　⑤ $\%Z_{TL}$
　　• 계산 :　　　　　　　　　• 답 :

(3) 점 F에서의 합성 %임피던스를 구하시오.
　• 계산 :　　　　　　　　　• 답 :

(4) 점 F에서의 3상 단락전류 I_S를 구하시오.
　• 계산 :　　　　　　　　　• 답 :

(5) 점 F에서 설치할 차단기의 용량을 구하시오.

• 계산 :   • 답 :

Answer

(1) 계산 : $I_n = \dfrac{100 \times 10^6}{\sqrt{3} \times 154 \times 10^3} = 374.9[\text{A}]$ 답 : 374.9[A]

(2) ① 계산 : $\%Z_{G1} = 30 \times \dfrac{100}{20} = 150[\%]$ 답 : 150[%]

　② 계산 : $\%Z_{G2} = 30 \times \dfrac{100}{5} = 600[\%]$ 답 : 600[%]

　③ 계산 : $\%Z_{T1} = 10 \times \dfrac{100}{20} = 50[\%]$ 답 : 50[%]

　④ 계산 : $\%Z_{T2} = 10 \times \dfrac{100}{5} = 200[\%]$ 답 : 200[%]

　⑤ 계산 : $\%Z_{TL} = 5 \times \dfrac{100}{20} = 25[\%]$ 답 : 25[%]

(3) 계산 : $\%Z = \dfrac{(150+50) \times (600+200)}{(150+50) + (600+200)} + 25 = 185[\%]$ 답 : 185[%]

(4) 계산 : $I_s = \dfrac{100}{\%Z} I_n = \dfrac{100}{185} \times 374.9 = 202.65[\text{A}]$ 답 : 202.65[A]

(5) 계산 : $P_s = \sqrt{3} \times 170 \times 202.65 \times 10^{-3} = 59.67[\text{MVA}]$ 답 : 59.67[MVA]

Explanation

• 합성 %임피던스
$$\%Z = \dfrac{(\%Z_{G1} + \%Z_{T1}) \times (\%Z_{G2} + \%Z_{T2})}{(\%Z_{G1} + \%Z_{T1}) + (\%Z_{G2} + \%Z_{T2})} + \%Z_{TL}$$

• 단락전류 $I_s = \dfrac{100}{\%Z} I_n$

• 차단기 용량 $P_s = \sqrt{3} \times$ 정격 전압 $\times$ 정격차단 전류

여기서, 154[kV]의 차단기 정격 전압을 계산하면 $154 \times \dfrac{1.2}{1.1} = 168[\text{kV}]$이나 170[kV]로 정해져 있음

정격 차단 전류 : 차단기가 차단할 수 있는 단락전류의 한도로서 단락전류가 있는 경우는 단락전류로 계산한다.

PART 02

전기산업기사 실기 단답형 문제

답안에서 굵은 글씨로 처리된 부분이
핵심 암기 키워드입니다.

CHAPTER 02 단답형 기출문제 210선

01 직렬 콘덴서를 사용하는 목적에 대하여 적으시오.

•

Answer

직렬 콘덴서(직렬축전지)는 유도 리액턴스에 의한 선로의 전압 강하 보상용으로 전압변동을 줄이고 **정태안정도 개선용**으로 사용

02 전기설비의 보수점검 작업의 점검 후에 실시하여야 하는 유의사항 3가지를 적으시오.

① ②
③

Answer

① 접지도체 제거 ② 최종확인, 최종작업
③ 점검의 기록

03 기존 광원에 비해 LED 램프의 특성 5가지를 나열하시오.

① ②
③ ④
⑤

Answer

① 소형화 슬림화가 가능 ② 고속 응답
③ **고효율, 저전력** ④ 긴 수명, 친환경성
⑤ **풍부한 색** 재현성

04 변전소의 주요 기능 4가지를 나열하시오.

① ②
③ ④
⑤

Answer

① 전압의 변성과 조정 ② 전력의 집중과 배분
③ 전력 조류의 제어 ④ 송배전선로 및 변전소의 보호

05 22.9[kV]인 3상 4선식의 다중 접지 방식에서 다음 각 장소에 시설되는 피뢰기의 정격전압은 몇 [kV]이어야 하는지 쓰시오.

(1) 배전선로 :
(2) 변전소 :

Answer

(1) 18[kV]
(2) 21[kV]

06 금속관 공사의 교류회로에서 1회로의 전선 전부를 동일 관내에 넣는 것을 원칙으로 하는데 그 이유는 무엇인지 설명하시오.

•

Answer

전자적 불평형을 방지하기 위하여

07 다음 각 항목을 측정하는 데 가장 알맞은 계측기 또는 측정 방법을 적으시오.

① 변압기의 절연저항 :　　　　② 검류계의 내부저항 :
③ 전해액의 저항 :　　　　　　④ 배전선의 전류 :
⑤ 절연 재료의 고유 저항 :

Answer

① 절연저항계(메거)
② 휘스톤 브리지
③ 콜라우시 브리지
④ 후크 온 메터
⑤ 절연저항계(메거)

08 피뢰기는 이상 전압이 기기에 침입했을 때 그 파고값을 저감시키기 위하여 뇌전류를 대지로 방전시켜 절연 파괴를 방지하며, 방전에 의하여 생기는 속류를 차단하여 원래의 상태로 회복시키는 장치이다. 다음 각 질문에 답하시오.

(1) 피뢰기의 구성요소를 쓰시오. :
(2) 피뢰기의 구비조건 4가지만 쓰시오.
　　•　　　　　　　　　•
　　•　　　　　　　　　•
(3) 피뢰기의 제한전압이란 무엇인가? :
(4) 피뢰기의 정격전압이란 무엇인가? :
(5) 충격 방전 개시전압이란 무엇인가? :

Answer

(1) 직렬 갭과 특성요소
(2) 충격 방전 개시전압이 낮을 것
상용 주파 방전 개시전압이 높을 것
제한전압이 낮을 것
속류 차단 능력이 클 것
(3) 피뢰기 동작 중의 단자전압의 파고값
(4) 속류를 차단할 수 있는 최고의 교류전압
(5) 피뢰기 단자 간에 충격전압을 인가하였을 경우 방전을 개시하는 전압

09
일반용 전기설비 및 자가용 전기설비에 사용되는 용어에 관한 사항이다. (   ) 안에 알맞은 내용을 써 넣으시오.

(1) "과전류 차단기"라 함은 배선용 차단기, 퓨즈, 기중차단기(A.C.B)와 같이 (①) 및 (②)를 자동 차단하는 기능을 가진 기구를 말한다.
   ①   ②
(2) "누전 차단 장치"라 함은 전로에 지락이 생겼을 경우에 부하기기, 금속제 외함 등에 발생하는 (③) 또는 (④)를 검출하는 부분과 차단기 부분을 조합하여 자동적으로 전로를 차단하는 장치를 말한다.
   ③   ④
(3) "배선용 차단기"라 함은 전자작용 또는 바이메탈의 작용에 의하여 (⑤)를 검출하고 자동으로 차단하는 (⑥)로써 그 최소 동작전류(동작하고 안 하는 한계전류)가 정격 전류의 100[%]와 (⑦) 사이에 있고 또 외부에서 수동 전자적 또는 전동적으로 조작할 수 있는 것을 말한다.
   ⑤   ⑥   ⑦
(4) "과전류"라 함은 과부하전류 및 (⑧)를 말한다.
   ⑧
(5) "중성선"이라 함은 (⑨)에서 전원의 (⑩)에 접속된 전선을 말한다.
   ⑨   ⑩
(6) "조상설비"라 함은 (⑪)을 조정하는 전기기계기구를 말한다.
   ⑪
(7) "이격거리"라 함은 떨어져야 할 물체의 표면 간의 (⑫)를 말한다.
   ⑫

Answer

(1) ① 과부하전류   ② 단락전류
(2) ③ 고장전압   ④ 지락전류
(3) ⑤ 과전류   ⑥ 과전류 차단기   ⑦ 125[%]
(4) ⑧ 단락전류
(5) ⑨ 다선식 전로   ⑩ 중성극
(6) ⑪ 무효전력
(7) ⑫ 최단거리

10 절연전선의 종류에 대하여 5가지만 적으시오.

-
-
-
-
-

> **Answer**

- 450/750[V] 일반용 단심 비닐 절연전선(NR 전선)
- 인입용 비닐 절연전선(DV 전선)
- 옥외용 폴리에틸렌 절연전선(OE 전선)
- 옥외용 가교 폴리에틸렌 절연전선(OC 전선)
- 옥외용 비닐 절연전선(OW 전선)

11 축전지 설비에 대하여 다음 각 질문에 답하시오.

(1) 연(鉛)축전지의 전해액이 변색되며, 충전하지 않고 방치된 상태에서도 다량으로 가스가 발생되고 있다. 어떤 원인의 고장으로 추정되는가?
   -

(2) 거치용 축전설비에서 가장 많이 사용되는 충전 방식으로 자기 방전을 보충함과 동시에 상용 부하에 대한 전력 공급은 충전기가 부담하도록 하되 충전기가 부담하기 어려운 일시적인 대전류 부하는 축전지로 하여금 부담하게 하는 충전 방식은?
   -

(3) 연(鉛)축전지와 알칼리축전지의 공칭전압은 몇 [V/셀]인가?
   ① 연(鉛)축전지 :   ② 알칼리축전지 :

(4) 축전지 용량을 구하는 식
$$C_B = \frac{1}{L}[K_1 I_1 + K_2(I_2 - I_1) + K_3(I_3 - I_2) \cdots + K_n(I_n - I_{n-1})][Ah]$$
에서 L은 무엇을 나타내는가?
   -

(5) 연축전지와 비교할 때 알칼리축전지의 장점과 단점을 1가지씩 쓰시오.
   - 장점 :
   - 단점 :

> **Answer**

(1) 전해액의 불순물의 혼입
(2) 부동 충전 방식
(3) ① 연(鉛)축전지 : 2.0[V/cell]   ② 알칼리축전지 : 1.2[V/cell]
(4) 보수율
(5) 장점 : 수명이 길다.
    단점 : 셀당 전압이 납축전지에 비해 낮다.

12 최근 차단기의 절연 및 소호용으로 많이 이용되고 있는 SF_6 가스의 특성 4가지를 적으시오.

① ②
③ ④

Answer

① 무색, 무취, 무독성이다.0
② 난연성, 불활성 가스이다.
③ 소호 능력이 공기의 100~200배가 된다.
④ 절연내력이 공기의 2~3배가 된다.

13 욕실 등 인체가 물에 젖어 있는 상태에서 물을 사용하는 장소에 콘센트를 시설하는 경우에 설치해야 하는 인체감전보호용 누전 차단기의 정격감도전류와 동작 시간은 얼마 이하를 사용하여야 하는지 쓰시오.

• 정격감도전류 : • 동작 시간 :

Answer

• 정격감도전류 : 15[mA] 이하 • 동작 시간 : 0.03[sec] 이하

14 다음은 계전기의 그림 기호이다. 각각의 명칭을 우리말로 적으시오.

(1) OC (2) OL (3) UV (4) G

Answer

(1) 과전류 계전기 (2) 과부하 계전기
(3) 부족전압 계전기 (4) 지락 계전기

15 전기 사업자는 그가 공급하는 전기의 품질(표준 전압, 표준 주파수)을 허용 오차 범위 안에서 유지하도록 전기사업법에 규정되어 있다. 다음 표의 빈칸 ①~④에 표준 전압, 표준 주파수에 대한 허용 오차를 정확하게 써 넣으시오.

표준 전압 · 표준 주파수	허용 오차
110볼트	①
220볼트	②
380볼트	③
60헤르츠	④

① ②
③ ④

Answer

① 110볼트의 상하로 6볼트 이내 ② 220볼트의 상하로 13볼트 이내
③ 380볼트의 상하로 38볼트 이내 ④ 60헤르츠 상하로 0.2헤르츠 이내

16 조명기구 배치에 따른 조명방식을 3가지만 적으시오.

- •   •   •

Answer

- 전반조명
- 국부조명
- 전반·국부 병용조명

17 다음에서 계통의 공칭전압에 따른 정격전압을 각각 적으시오.

공칭전압[kV]	22.9[kV]	154[kV]	345[kV]	765[kV]
정격전압[kV]				

Answer

22.9[kV]	154[kV]	345[kV]	765[kV]
25.8[kV]	170[kV]	362[kV]	800[kV]

18 주변압기가 3상 △ 결선(6.6[kV] 계통)일 때 지락 사고 시 지락보호에 대하여 다음 질문에 답하시오.

(1) 지락보호에 사용하는 변성기 및 계전기의 명칭을 각각 1가지만 쓰시오.
  ① 변성기 :
  ② 계전기 :
(2) 영상전압을 얻기 위하여 단상 PT 3대를 사용하는 경우 접속 방법을 간단히 설명하시오.
  •

Answer

(1) ① 변성기
      • 접지형 계기용 변압기(GPT)
      • 영상 변류기(ZCT)
    ② 계전기 : 지락 방향 계전기
              지락 계전기(선택지락 계전기)
(2) 3대의 단상 PT를 사용하여 **1차 측을 Y결선**하여 중성점을 직접 접지하고, **2차 측은 개방 △결선**

19 단상 유도 전동기의 기동법을 3가지만 적으시오.

- •   •   •

Answer

- 반발 기동형
- 콘덴서 기동형
- 분상 기동형

20 네온방전등을 노출장소에 배선할 때 관등회로의 배선 방법에 의한 전선과 조영재와의 전압별 이격거리를 적으시오.

6[kV] 이하	6[kV] 초과 ~ 9[kV] 이하	9[kV] 초과
(①) [mm] 이상	(②) [mm] 이상	(③) [mm] 이상

① ② ③

Answer

① 20　　② 30　　③ 40

21 근래에는 건식 변압기가 주로 사용되고 있지만 아직도 유입 변압기가 일반적으로 사용되고 있는데 유입 변압기에는 흡습제가 있어 습기의 유입을 방지하고 있다. 이 흡습제에 대한 다음 각 질문에 답하시오.

(1) 흡습제로 사용되는 재료로는 어떤 것이 있는가? :
(2) 물음 "(1)"의 흡습제의 원색은 어떤 색인가? :

Answer

(1) 실리카겔　　(2) 청백색

22 감전 사고는 작업자 또는 일반인의 과실 등과 기계기구류 내의 전로의 절연 불량 등에 의하여 발생되는 경우가 많다. 저압에 사용되는 기계기구류 내의 전로의 절연 불량 등으로 발생되는 감전 사고를 방지하기 위한 기술적인 대책 4가지를 서술하시오.

①
②
③
④

Answer

① 충분히 낮은 접지저항을 얻을 수 있도록 **접지 시설을 완벽**하게 한다.
② **고감도 누전 차단기** 설치
③ 기계기구의 **외함 접지**
④ **2중 절연 구조**의 전기기기 선정

23 그림과 같은 교류 단상 3선식 선로를 보고 각 질문에 답하시오.

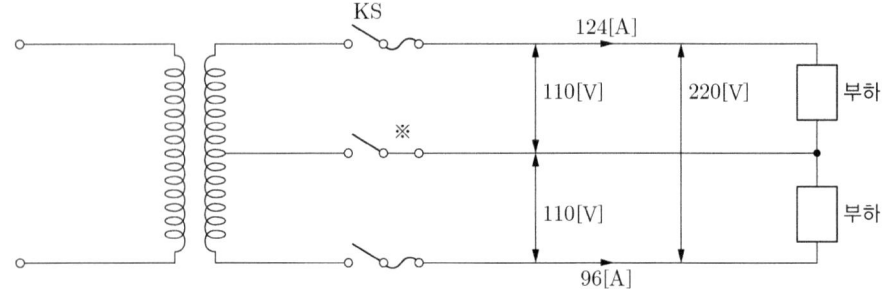

(1) 도면의 잘못된 부분을 고쳐서 그리고 잘못된 부분에 대한 이유를 설명하시오.
- 이유 :

(2) 도면에서 '※' 부분에 퓨즈를 넣지 않고 동선을 연결하였다. 옳은 방법인지의 여부를 구분하고 그 이유를 설명하시오.
- 여부 :
- 이유 :

Answer

(1)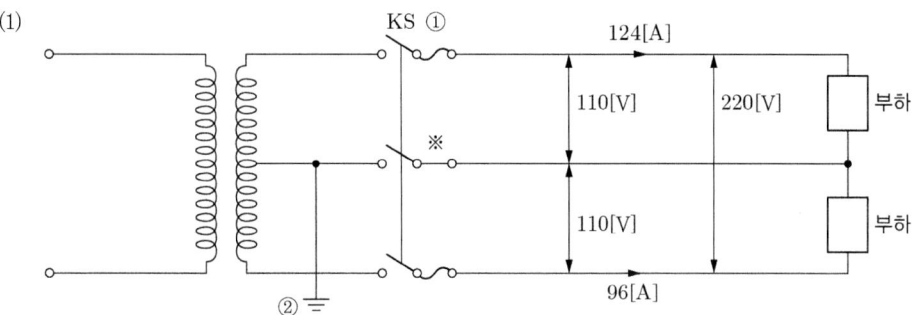
① 개폐기는 **동시동작형 개폐기**로 시설한다.
　이유 : 동시에 개폐되지 않을 경우 **전압 불평형이 나타날 수 있다.**
② **변압기의 2차 측 중성선에는 접지 공사**를 하여야 한다.
　이유 : 1, 2차 혼촉 시 2차 측 전위 상승 억제
(2) 옳다.
　이유 : 퓨즈가 용단되는 경우에는 경부하 측의 전위가 상승되어 전압 불평형이 발생

24 변전소에 200[Ah]의 연 축전지가 55개 설치되어 있다. 다음의 질문에 답하시오.

(1) 묽은 황산의 농도는 표준이고, 액면이 저하하여 극판이 노출되어 있다. 어떤 조치를 하여야 하는가? :
(2) 부동 충전 시에 알맞은 전압은? :
(3) 충전 시에 발생하는 가스의 종류는? :
(4) 가스 발생 시의 주의 사항을 쓰시오. :
(5) 충전이 부족할 때 극판에 발생하는 현상을 무엇이라고 하는가? :

Answer

(1) 증류수를 보충한다.
(2) 부동 충전 전압은 2.15[V/cell]
　∴ $V = 2.15 \times 55 = 118.25[V]$
(3) 수소 가스
(4) 환기에 주의하고 화기에 조심할 것
(5) 설페이션 현상

25 그림은 자가용 수변전 설비 주 회로의 절연저항 측정 시험에 대한 배치도이다. 다음 질문에 답하시오.

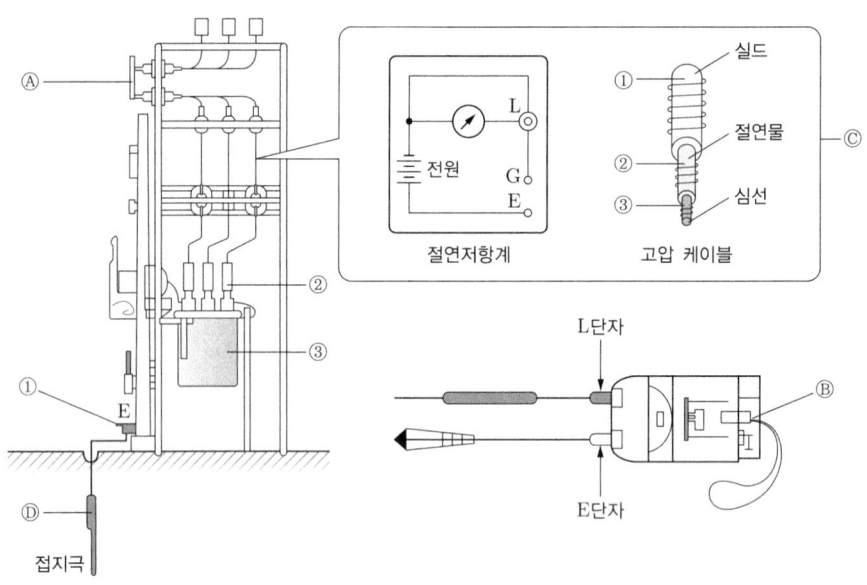

(1) 절연저항 측정에 Ⓐ기기의 명칭을 쓰고 개폐 상태를 밝히시오.

(2) 기기 Ⓑ의 명칭은 무엇인가? :
(3) 절연저항계의 L단자와 E단자의 접속은 어느 개소에 하여야 하는가?

(4) 절연저항계의 지시가 잘 안정되지 않을 때에는 통상 어떻게 하여야 하는가?

(5) Ⓒ의 고압 케이블과 절연저항계의 단자 L, G, E와의 접속은 어떻게 하여야 하는가?
　• L단자 :　　　　• G단자 :　　　　• E단자 :

Answer

(1) 단로기 : 개방 상태
(2) 절연저항계
(3) L단자 : 선로 측, E단자 : 접지극
(4) 1분 후 다시 측정한다.
(5) L단자 : ③　　　G단자 : ②　　　E단자 : ①

26 점멸기의 그림 기호에 대하여 다음 질문에 답하시오.

(1) ● 는 몇 [A]용 점멸기인가? :
(2) 방수형 점멸기의 그림 기호를 그리시오. :
(3) 점멸기의 그림 기호로 ●₄의 의미는 무엇인가? :

Answer

(1) 10[A]　　(2) ●_WP　　(3) 4로 스위치

27 콘덴서 회로의 제5고조파를 유도성으로 하기 위해 직렬 리액터를 삽입한다. 이때 다음 각 질문에 답하시오.

(1) 리액터 용량은 콘덴서 용량의 몇 [%] 이상으로 하는가? 단, 근거식을 써서 설명하시오.
•

(2) 실제로 주파수 변동이나 경제성을 고려하여 일반적으로 콘덴서 용량의 몇 [%]로 하는가?
•

Answer

(1) $5\omega L = \dfrac{1}{5\omega C}$

$\omega L = \dfrac{1}{5^2 \omega C} = \dfrac{1}{\omega C} \times 0.04$

즉, 콘덴서 용량의 4[%] 이상이 되는 용량의 직렬 리액터가 필요하다. 　　　　답 : 4[%]

(2) 6[%]

28 다음 심벌의 명칭을 적으시오.

① PO :　　　　　　　　　② SP :
③ T :　　　　　　　　　　④ PR :

Answer

① PO : 위치 계전기　　　　② SP : 속도 계전기
③ T : 온도 계전기　　　　　④ PR : 압력 계전기

29 다음과 같은 상황의 전자 개폐기의 고장에서 주요 원인과 그 보수 방법을 2가지씩 적으시오.

(1) 철심이 운다.
　원인 ① :
　　　　② :
　보수 방법 ① :
　　　　　② :

(2) 동작하지 않는다.
　원인 ① :
　　　　② :
　보수 방법 ① :
　　　　　② :

(3) 서멀 릴레이가 떨어진다.
　원인 ① :
　　　　② :
　보수 방법 ① :
　　　　　② :

Answer

(1) 원인 : ① 가동철심과 고정철심 접촉 부위에 녹 발생
　　　　　② 철심 전원 단자 나사 부분의 이완
　　보수 방법 : ① 샌드페이퍼로 녹을 제거한다.
　　　　　　　② 나사의 이완 부분을 조인다.
(2) 원인 : ① 여자 코일이 단선 또는 소손되었을 때
　　　　　② 전원이 결상되었을 때
　　보수 방법 : ① 여자 코일을 교체한다.
　　　　　　　② 전원 결상 부분을 찾아 연결한다.
(3) 원인 : ① 과부하 발생 시
　　　　　② 서멀 릴레이 설정값이 낮을 때
　　보수 방법 : ① 부하를 정격값으로 조정한다.
　　　　　　　② 서멀 릴레이 설정값을 상위값으로 조정한다.

30 ★★☆☆☆
다음은 정전 시 조치 사항이다. 점검 방법에 따른 알맞은 점검 절차를 보기에서 찾아 빈칸을 채워 넣으시오.

[보기]
- 수전용 차단기 개방
- 단로기 또는 전류 퓨즈의 개방
- 수전용 차단기의 투입
- 보호계전기 시험
- 검전의 실시
- 투입 금지 표시찰 취부
- 고압 개폐기 또는 교류 부하 개폐기의 개방
- 잔류 전하의 방전
- 단락접지용구의 취부
- 보호계전기 및 시험 회로의 결선
- 저압 개폐기의 개방
- 안전표지류의 취부
- 구분 또는 분기개폐기의 개방

점검 순서	점검 절차	점검 방법
1		① 개방하기 전에 연락 책임자와 충분한 협의를 실시하고 정전에 의하여 관계되는 기기의 장애가 없다는 것을 확인한다. ② 동력 개폐기를 개방한다. ③ 전동 개폐기를 개방한다.
2		수동(자동)조작으로 수전용 차단기를 개방한다.
3		고압 고무장갑을 착용하고, 고압 점검기로 수전용 차단기의 부하 측 이후를 3상 모두 검전하고 무전압 상태를 확인한다.
4		(책임분계점의 구분 개폐기 개방의 경우) ① 지락 계전기가 있는 경우는 차단기와 연동시험을 실시한다. ② 지락 계전기가 없는 경우는 수동조작으로 확실히 개방한다. ③ 개방한 개폐기의 조작봉(끈)은 제3자가 조작하지 않도록 높은 장소에 확실히 매어(lock) 놓는다.
5		개방한 개폐기의 조작봉을 고정하는 위치에서 보이기 쉬운 개소에 취부한다.
6		원칙적으로 첫 번째 상부터 순서대로 확실하게 충분한 각도로 개방한다.
7		고압 케이블 및 콘덴서 등의 측정 후 잔류 전하를 확실히 방전한다.
8		① 단락접지용구를 취부할 경우 우선 먼저 접지금구를 접지도체에 취부한다. ② 다음에 단락접지용구의 훅크부를 개방한 DS 또는 LBS 전원 측 각 상에 취부한다. ③ 안전표지만을 취부하여 안전작업이 이루어지도록 한다.

점검 순서	점검 절차	점검 방법
9		공중이 들어가지 못하도록 위험구역에 안전네트(망) 또는 구획로프 등을 설치하여 위험표시를 한다.
10		① 릴레이 측과 CT 측을 회로테스타 등으로 확인한다. ② 시험 회로의 결선을 실시한다.
11		시험전원용 변압기 이외의 변압기 및 콘덴서 등의 개폐기를 개방한다.
12		수동(자동)조작으로 수전용 차단기를 투입한다.
13		보호계전기 시험 요령에 의해 실시한다.

Answer

1. 저압 개폐기의 개방
2. 수전용 차단기 개방
3. 검전의 실시
4. 구분 또는 분기 개폐기의 개방
5. 투입 금지 표시찰 취부
6. 단로기 또는 전력 퓨즈의 개방
7. 잔류 전하의 방전
8. 단락접지용구의 취부
9. 안전 표지류의 취부
10. 보호계전기 및 시험 회로의 결선
11. 고압개폐기 또는 교류 부하 개폐기의 개방
12. 수전용 차단기의 투입
13. 보호계전기 시험

31 다음 ( )에 알맞은 내용을 적으시오.

"임의의 면에서 한 점의 조도는 광원의 광도 및 입사각 θ의 코사인에 비례하고 거리의 제곱에 반비례한다. 이와 같이 입사각의 코사인에 비례하는 것을 Lambert의 코사인 법칙이라 한다. 또 광선과 피조면의 위치에 따라 조도를 (①)조도, (②)조도, (③)조도 등으로 분류할 수 있다."

①   ②   ③

Answer

법선, 수평면, 수직면

32 절연저항 측정에 관한 다음 질문에 답하시오.

(1) 저압 전로의 배선이나 기기에 대한 절연 측정을 하기 위한 절연저항 측정기는 몇 [V]급을 사용하는가? :
(2) 다음표의 전로의 사용 전압의 구분에 따른 절연저항 값은 몇 [MΩ] 이상이어야 하는지 그 값을 표에 써 넣으시오.

전로의 사용전압[V]	DC 시험전압[V]	절연저항[MΩ]
SELV 및 PELV	250	
FELV, 500[V] 이하	500	
500[V] 초과	1,000	

Answer

(1) 500[V]급

(2)

전로의 사용전압[V]	DC 시험전압[V]	절연저항[MΩ]
SELV 및 PELV	250	0.5
FELV, 500[V] 이하	500	1.0
500[V] 초과	1,000	1.0

33 다음 전기설비에서 사용하는 그림 기호의 명칭을 적으시오.

(1) 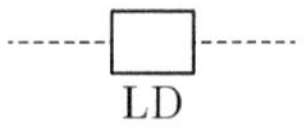 ------[ ]------ LD
(2)  ⊠
(3)  ●R
(4)  ⊙EX
(5) 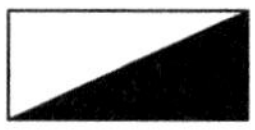 ◨
(6)  [MDF]
(7) 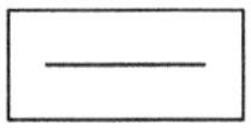 [────]

(1) (2) (3)
(4) (5) (6)
(7)

Answer

(1) 라이팅 덕트
(2) 풀박스 및 접속 상자
(3) 리모콘 스위치
(4) 방폭형 콘센트
(5) 분전반
(6) 본 배선반
(7) 단자반

34 대지 저항률을 낮추기 위한 접지 저감제의 구비조건 5가지를 적으시오.

①
②
③
④
⑤

Answer

① 안전성이 우수할 것
② 전기적으로 양도체일 것
③ 지속성이 있을 것
④ 전극을 부식시키지 않을 것
⑤ 저감 효과가 클 것

35 울타리의 높이와 울타리로부터 충전부분까지의 거리의 합계는 35[kV] 이하는 (①)[m], 35[kV] 초과 160[kV] 이하는 (②)[m], 160[kV] 초과 시 6[m]에 160[kV]를 초과하는 (③)[kV] 또는 그 단수마다 (④)[cm]를 더한 값 이상으로 한다. 괄호 안에 들어갈 알맞은 수는?

① ② ③ ④

Answer

① 5 ② 6 ③ 10 ④ 12

36 가스 절연 개폐 장치(GIS)의 구성품 4가지를 적으시오.

① ② ③ ④

Answer

① 차단기 ② 단로기 ③ 계기용 변압기 ④ 변류기

37 전력용 콘덴서 설치 장소(2가지)와 전력용 콘덴서 및 직렬 리액터의 역할을 간단히 적으시오.

(1) 전력용 콘덴서의 설치 장소
  ① ②
(2) ① 전력용 콘덴서의 역할 :
  ② 직렬 리액터의 역할 :

Answer

(1) 전력용 콘덴서 설치 장소
  ① **부하 측에 분산**하여 설치
  ② **수전 측 모선에 집중**하여 설치
(2) ① 전력용 콘덴서의 역할 : 역률 개선
  ② 직렬 리액터의 역할 : 제5고조파 제거

38 동작 시에 아크가 생기는 것은 목재의 벽 또는 천장 기타의 가연성 물체로부터 얼마 이상 떼어 놓아야 하는지 쓰시오.

• 고압용의 것 : (①) 이상
• 특고압용의 것 : (②) 이상

① ②

Answer

① 1[m] ② 2[m]

39 다음 각 질문에 답하시오.

(1) 수중조명등에 전기를 공급하기 위해서는 1차 측 전로의 사용전압 및 2차 측 전로의 사용전압이 각각 (①) 이하 및 (②) 이하인 절연변압기를 사용할 것

① ②

(2) 절연변압기는 그 2차 측 전로의 사용전압이 (③) 이하인 경우에는 1차권선과 2차권선 사이에 금속제의 혼촉 방지판을 설치할 것
③

(3) 절연변압기의 2차 측 전로의 사용전압이 (④)를 초과하는 경우에는 그 전로에 지락이 생겼을 때에 자동적으로 전로를 차단하는 정격감도전류 (⑤) 이하의 누전차단기를 시설할 것
④   ⑤

Answer

(1) ① 400[V]   ② 150[V]
(2) ③ 30[V]
(3) ④ 30[V]   ⑤ 30[mA]

40 금속 덕트에 넣는 저압 전선의 단면적(전선의 피복 절연물을 포함)은 금속 덕트 내부 단면적의 몇 [%] 이하가 되도록 해야 하는지 답하시오.

•

Answer

20[%]

41 철주에 절연전선을 사용하여 접지 공사를 하는 경우, 접지극은 지하 75[cm] 이상의 깊이에 매설하고 지표상 2[m]까지의 부분에는 합성수지관 등으로 덮어야 한다. 그 이유는 무엇인지 답하시오.

•

Answer

접지도체가 사람이 접촉할 우려가 있는 경우 사고를 미연에 방지하기 위해 시설

42 배전용 변전소의 각종 전기 시설에는 접지를 하고 있다. 그 접지 목적 2가지와 접지를 해야 하는 곳을 3개소만 적으시오.

(1) 접지 목적
  ①
  ②
(2) 접지 개소
  ①   ②   ③

Answer

(1) 접지 목적
 ① 지락 및 단락 전류 등 **고장 전류로부터 기기 보호**
 ② 배전 변전소에서의 **감전사고 및 화재사고**를 방지
 ③ **보호 계전기의 확실한 동작 확보 및 전위 상승 억제**

(2) 접지 개소
 ① 옥외철구   ② 피뢰기   ③ 차단기
 ④ 배전반   ⑤ 계기용 변성기 2차측

43 역률 개선용 커패시터와 직렬로 연결하여 사용하는 직렬 리액터의 사용 목적을 3가지만 적으시오.

-
-
-

Answer

- 콘덴서 **투입 시 돌입전류** 억제
- 콘덴서 **개방 시 이상 현상** 억제
- **파형의 개선**(고조파를 줄이기 위함)

44 CIRCUIT BREAKER(차단기)와 DISCONNECTING SWITCH(단로기)의 차이점은 무엇인가?

-
-

Answer

- **차단기**(CB) : **부하전류를 개폐**하거나 또는 기기나 계통에서 발생한 **고장전류를 차단**하여 **전로나 기기를 보호**
- **단로기**(DS) : 전선로나 전기기기의 수리, 점검을 하는 경우 차단기로 차단된 **무부하 상태의 전로를 확실하게 열기 위하여** 사용되는 개폐기(무부하 회로 개폐)

45 전선의 굵기를 결정할 때 고려해야 할 주요 요소 3가지가 무엇인지 적으시오.

①   ②   ③

Answer

① 허용전류
② 전압강하
③ 기계적 강도

46 그림은 UPS 설비의 블록 다이어그램이다. 다음 각 질문에 답하시오.

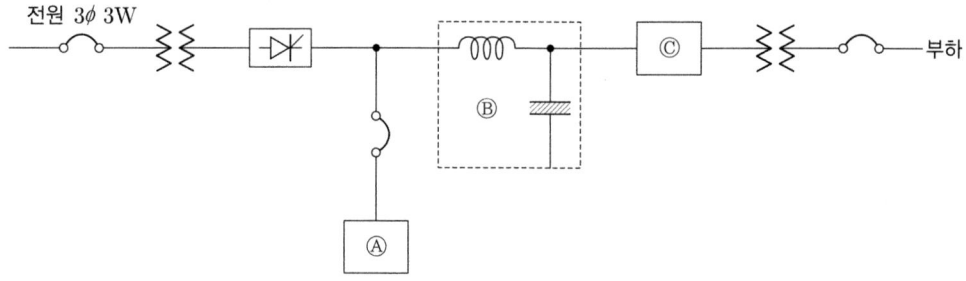

(1) UPS의 기능을 2가지로 요약하여 설명하시오.
    ①   ②
(2) Ⓐ는 무슨 부분인가? :
(3) Ⓑ는 무슨 부분인가? :

(4) ⓒ 부분은 무슨 회로 부분이며, 그 역할은 무엇인가?

Answer

(1) ① 무정전 전원 공급
    ② 정전압 정주파수 공급장치
(2) 축전지
(3) DC 필터
(4) 인버터, 역할 : 직류를 교류로 변환

47 다음 심벌의 명칭을 적으시오.

(1) ⊗   (2) ⦿WP   (3) ●T   (4) △   (5) ◸

Answer

(1) 유도등(백열등)   (2) 방수형 콘센트   (3) 점멸기(타이머붙이)
(4) 스피커   (5) 분전반

48 다음 ( )에 가장 알맞은 내용을 답란에 쓰시오.

교류변전소용 자동제어기구 번호에서 52C는 (①)이고, 52T는 (②)이다.

①   ②

Answer

① 차단기 투입코일
② 차단기 트립코일

49 계기용 변류기(CT, Current Transformer)의 목적과 정격부담에 대하여 설명하시오.

• 계기용 변류기의 목적 :

• 정격부담 :

Answer

• 계기용 변류기의 목적 : 대전류를 소전류로 변성하여 계측기나 계전기의 전원으로 사용
• 정격부담 : 변류기 2차 측에 설치할 수 있는 부하의 한도[VA]

50 한시(Time Delay) 보호계전기의 종류를 4가지만 쓰시오.

Answer

- 순한시 계전기
- 정한시 계전기
- 반한시 계전기
- 반한시성 정한시 계전기

51 ★☆☆☆☆
조명에서 사용되는 용어 중 광속, 조도, 광도의 정의를 설명하시오.
- 광속 :
- 조도 :
- 광도 :

Answer

- **광속** : 광원에서 나오는 **복사속을 눈으로 보아 빛으로 느끼는 크기**를 나타낸 것
- **조도** : 어떤 물체에 **광속이 입사하면 그 면이 밝게 빛나게 되는 정도**
- **광도** : 발산 광속의 입체각 밀도

52 ★☆☆☆☆
수용률, 부하율, 부등률의 관계식을 정확하게 쓰고 부하율이 수용률 및 부등률과 일반적으로 어떤 관계인지 비례, 반비례 등으로 설명하시오.

(1) 수용률, 부등률, 부하율의 관계식을 쓰시오.

(2) 부하율이 수용률 및 부등률과 일반적으로 어떤 관계인지 비례, 반비례 등으로 설명하시오.

Answer

(1) 수용률 = $\dfrac{\text{최대수용전력}}{\text{부하설비용량}} \times 100[\%]$

부등률 = $\dfrac{\text{각 개별 수용가 최대수용전력의 합}}{\text{합성최대전력}}$

부하율 = $\dfrac{\text{평균전력}}{\text{최대전력}} \times 100[\%]$

(2) 부하율은 부등률에 비례하고 수용률에 반비례

53 ★☆☆☆☆
한국전기설비규정(KEC)에서 규정하는 저압 케이블의 종류를 3가지만 쓰시오.

-
-
-

Answer

- 0.6/1[kV] 연피(鉛皮)케이블
- 클로로프렌외장(外裝)케이블
- 비닐외장케이블

54 다음 전동기의 회전방향 변경 방법에 대해 설명하시오.

(1) 3상 농형 유도전동기 :
(2) 단상 유도전동기(분상기동형) :
(3) 직류 직권전동기 :

Answer

(1) **3상 농형** 유도전동기 : 3선 중 2선의 접속을 변경
(2) **단상 유도전동기(분상기동형)** : **주권선**과 **보조권선** 중 어느 한 개를 전원에 대해 **반대로 연결**
(3) **직류 직권**전동기 : 전동기를 전원에 접속한 채로 **전기자의 접속을 반대로** 연결

55 내선규정에서 정의하는 전기방식에 대한 설명이다. 다음 각 (　)에 들어갈 내용을 답란에 쓰시오.

전기방식용 전원장치는 (①), (②), (③), (④)로 구성되며, 전기방식회로의 최대 사용전압은 직류 (⑤)[V] 이하이다.

① 　　　　　　　② 　　　　　　　③
④ 　　　　　　　⑤

Answer

① 절연변압기　　② 정류기　　③ 개폐기
④ 과전류차단기　⑤ 60

56 형광방전램프의 점등회로를 3가지만 쓰시오.

•　　　　　•　　　　　•

Answer

- 글로스타터 회로
- 속시기동회로
- 순시기동회로

57 일반용 조명에 관한 다음 각 질문에 답하시오.

(1) 백열등의 그림 기호는 ◯이다. 벽붙이의 그림 기호를 그리시오. :
(2) HID등의 종류를 표시하는 경우는 용량 앞에 문자 기호를 붙이도록 되어 있다. 수은등, 메탈헬라이드등, 나트륨등은 어떤 기호를 붙이는가?
- 수은등 :　　　　　　　　　　• 메탈헬라이드등 :
- 나트륨등 :

(3) 그림 기호가 ◐로 표시되어 있다. 어떤 용도의 조명등인가? :
(4) 조명등으로서의 일반 백열전구를 형광등에 비교할 때, 장점을 3가지만 쓰시오.
   ①   ②
   ③

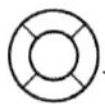

Answer

(1)  ◐
(2) 수은등 : H
    메탈헬라이드등 : M
    나트륨등 : N
(3) 옥외등
(4) ① 역률이 좋다.
    ② 연색성이 우수하다.
    ③ 안정기가 불필요하며, 기동 시간이 짧다.

58 다음과 같은 전선이나 케이블에 대한 명칭을 적으시오.

(1) MI :   (2) NV :
(3) ACSR :   (4) OW :

Answer

(1) 미네랄 인슈레이션 케이블   (2) 비닐 절연 네온 전선
(3) 강심 알루미늄 연선   (4) 옥외용 비닐 절연전선

59 큐비클의 종류 3가지를 적고 각 주 차단장치에 대해 설명하시오.

종류	수전 용량	주 차단기

Answer

종류	수전 용량	주 차단기
CB형	500[kVA] 이하	차단기를 사용한 것
PF-CB형	500[kVA] 이하	한류형 전력 퓨즈와 차단기를 조합 사용한 것
PF-S형	300[kVA] 이하	한류형 전력 퓨즈와 고압 개폐기를 사용한 것

60 ★★☆☆☆ 예비 전원 설비로 축전지 설비를 하고자 한다. 축전지 설비에 대한 다음 각 질문에 답하여라.

(1) 축전지 설비를 구성하는 주요 부분을 4가지로 구분할 때, 그 4가지를 쓰시오.
   -
   -
   -
   -

(2) 축전지의 충전 방식 중 부동 충전 방식에 대한 개략도를 그리고 이 충전 방식에 대하여 설명하시오.
   - 개략도

   - 설명 :

(3) 축전지의 과방전 및 방치 상태, 가벼운 설페이션(sulfation) 현상 등이 생겼을 때 기능 회복을 위하여 실시하는 충전 방식은 어떤 충전 방식인가? :

Answer

(1) 축전지, 충전 장치, 보안 장치, 제어 장치

(2)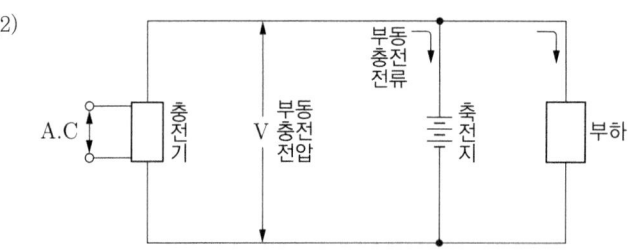

축전지의 자기 방전을 보충함과 동시에 상용 부하에 대한 전력 공급은 충전기가 부담하되 충전기가 부담하기 어려운 일시적인 대전류 부하는 축전지로 하여금 부담케 하는 방식

(3) 회복 충전

61 ★★☆☆☆ 송전계통의 변압기 중성점 접지방식에 대하여 다음 사항에 답하시오.

(1) 중성점 접지방식의 종류를 4가지만 쓰시오.
   -

(2) 우리나라의 154[kV], 345[kV] 송전계통에 적용하는 중성점 접지방식을 쓰시오.
   -

(3) 유효 접지란 1선 지락 고장 시 건전상 전압이 상규 대지전압의 몇 배를 넘지 않도록 중성점 임피던스를 조절해서 접지하는지 쓰시오. :

Answer

(1) 비접지방식, 직접접지방식, 소호리액터접지방식, 저항접지
(2) 직접접지
(3) 1.3배

62 전선 및 케이블에 대한 다음 약호의 우리말 명칭을 적으시오.

(1) DV 전선   (2) NR 전선
(3) CV10 케이블   (4) EV 케이블

Answer

(1) 인입용 비닐 절연전선
(2) 450/750[V] 일반용 단심 비닐 절연전선
(3) 6/10[kV] 가교 폴리에틸렌 절연 비닐 시스 케이블
(4) 폴리에틸렌 절연 비닐 시스 케이블

63 그림은 발전기의 상간 단락 보호 계전 방식을 도면화한 것이다. 이 도면을 보고 다음 각 질문에 답하여라.

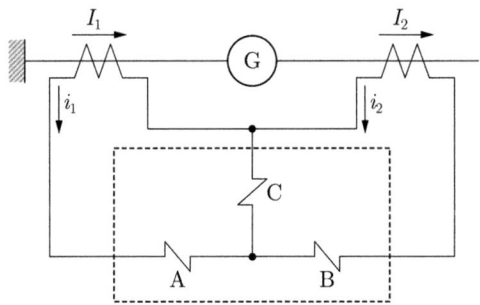

(1) 점선 안의 계전기 명칭은? :
(2) 동작 코일은 A, B, C 코일 중 어느 것인가? :
(3) 발전기에 상간 단락이 생길 때 코일 C의 전류 I_d는 어떻게 표현되는가? :
(4) 동기발전기를 병렬 운전시키기 위한 조건 4가지만 쓰시오.
   ①   ②
   ③   ④

Answer

(1) 비율 차동 계전기
(2) C 코일
(3) $I_d = |i_1 - i_2|$
(4) ① 기전력의 크기가 같을 것   ② 기전력의 주파수가 같을 것
    ③ 기전력의 위상이 같을 것   ④ 기전력의 파형이 같을 것

64 다음 (①), (②), (③) 안에 알맞은 내용을 써 넣으시오.

> 6,600[V] 전로에 사용하는 다심 케이블은 최대 사용전압의 (①)배의 시험전압을 심선 상호 및 심선과 (②) 사이에 연속해서 (③)분간 가하여 절연내력을 시험했을 때 이에 견디어야 한다.

①　　　　　　　　　②　　　　　　　　　③

Answer

① 1.5배　　　　　　② 대지　　　　　　③ 10

---

65 다음 조건에 맞는 콘센트의 그림 기호를 그리시오.

(1) 벽붙이용　　　　　　　　(2) 천장에 부착하는 경우
(3) 바닥에 부착하는 경우　　(4) 방수형
(5) 타이머 붙이　　　　　　(6) 2구용

Answer

(1)  ◐　(2)  ⊙　(3)  ⊙▲
(4)  ◐WP　(5)  ◐TM　(6)  ◐₂

---

66 다음이 설명하고 있는 광원(램프) 명칭을 적으시오.

> "반도체의 P-N 접합 구조를 이용하여 소수캐리어(전자 및 정공)를 만들어 내고 이들의 재결합에 의하여 발광시키는 원리를 이용한 광원(램프)으로 발광 파장은 반도체에 첨가되는 불순물의 종류에 따라 다르다. 종래의 광원에 비해 소형이고 수명은 길며 전기에너지가 빛에너지로 직접 변환하기 때문에 전력 소모가 적은 절감형 광원이다."

Answer

LED 램프

---

67 전력용 콘덴서의 개폐 제어는 크게 나누어 수동조작과 자동조작이 있다. 자동조작 방식을 제어 요소에 따라 분류할 때 그 제어 요소는 어떤 것이 있는지 5가지를 답란에 써 넣으시오.

[답란]

①	②	③	④	⑤

Answer

①	②	③	④	⑤
무효전력에 의한 제어	전압에 의한 제어	역률에 의한 제어	전류에 의한 제어	시간에 의한 제어

68 ★★★★★
그림과 같은 계통에서 측로 단로기 DS_3을 통하여 부하를 공급하고, 차단기 CB를 점검하고자 할 때 다음 각 질문에 답하시오. 단, 평상시에 DS_3은 열려 있는 상태이다.

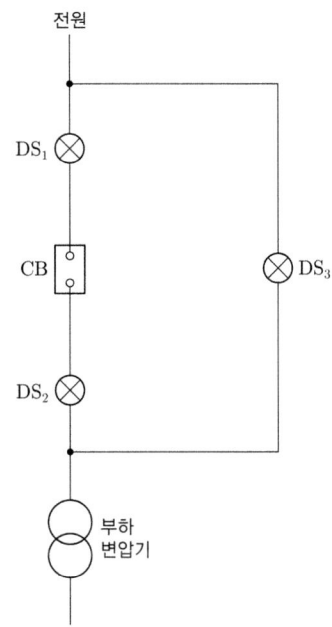

(1) CB를 점검하기 위한 기기의 조작 방법을 순서대로 설명하시오.
   •

(2) CB를 점검 완료한 후 원상 복구시킬 때의 조작 방법을 순서대로 설명하시오.
   •

(3) 도면과 같은 설비에서 차단기 CB의 점검 작업 중 발생될 수 있는 문제점을 지적하여 설명하고 이러한 문제점을 해소하기 위한 방안을 설명하시오.
   • 발생될 수 있는 문제점 :

   • 해소 방안 :

Answer

(1) DS_3(ON) → CB(OFF) → DS_2(OFF) → DS_1(OFF)
(2) DS_2(ON) → DS_1(ON) → CB(ON) → DS_3(OFF)
(3) • 발생될 수 있는 문제점 : 차단기(CB)가 투입(ON)된 상태에서 단로기(DS_1, DS_2)를 투입(ON)하거나 개방(OFF)하면 위험하다.
   • 해소 방안 : 단로기(DS)와 차단기(CB) 간에 인터록 장치를 한다(부하전류가 통전 중에는 회로의 개폐가 되지 않도록 시설한다).

69 ★★☆☆☆

LS, DS, CB가 그림과 같이 설치되었을 때의 조작 순서를 차례로 적으시오.

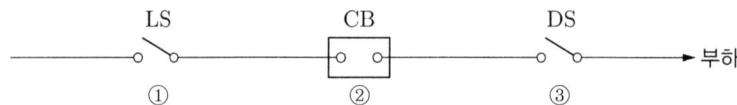

(1) 투입(ON) 시의 조작 순서 :
(2) 차단(OFF) 시의 조작 순서 :

Answer

(1) ③-①-②
(2) ②-③-①

70 ★☆☆☆☆

다음 그림을 보고 질문에 답하시오.

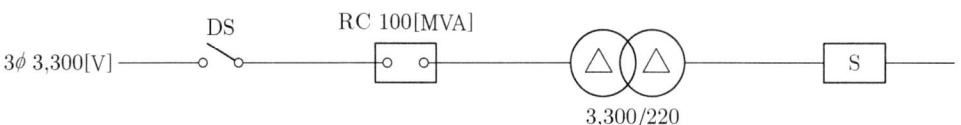

(1) RC 100[MVA]가 의미하는 것은? :
(2) ⑤의 심벌의 명칭은? :
(3) 단선도로 표시된 변압기 그림을 복선도로 그리시오.

Answer

(1) 단락 차단 용량 100[MVA]
(2) 개폐기
(3)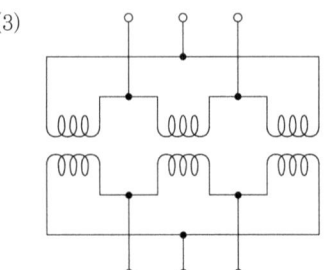

71 ★★★★★

그림과 같은 변전설비에서 무정전 상태로 차단기를 점검하기 위한 조작순서를 기구기호를 이용해서 설명하시오. 단, S1, R1은 단로기, T1은 By-pass 단로기이고, T1은 평상시에 개방되어 있는 상태이다.

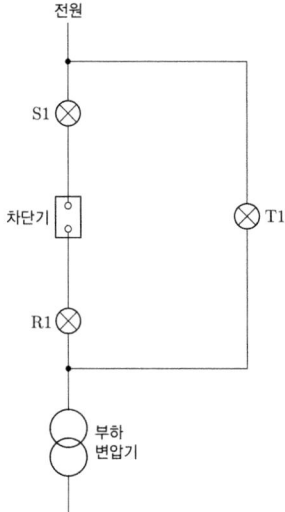

·

Answer

T1(ON) –> 차단기(OFF) –> R1(OFF) –> S1(OFF)

72 ★★★☆☆

다음과 같은 값을 측정하려면 어떤 측정기기를 사용하는 것이 적합한지 쓰시오.

(1) 단선인 전선의 굵기 :
(2) 옥내 전등선의 절연저항 :
(3) 접지저항 :

Answer

(1) 와이어 게이지
(2) 메거
(3) 콜라우시 브리지

73 ★★☆☆☆

대형 건축물 내에 설치된 전기를 사용하는 여러 설비의 접지를 공통으로 묶어서 사용하는 공통접지의 특징 중에서 장점을 5가지만 적으시오.

①
②
③
④
⑤

Answer

① 접지극의 수량 감소
② 접지극의 연접으로 **접지극의 신뢰도** 향상
③ 접지극의 연접으로 **합성저항의 저감** 효과
④ 계통접지의 단순화
⑤ 철근, 구조물 등을 연접하면 거대한 접지전극의 **효과**를 얻을 수 있다.

74

차단기 명판에 BIL 150[kV], 정격 차단 전류 20[kA], 차단 시간 5[Hz], 솔레노이드형이라고 기재되어 있다. 이것을 참고하여 다음 각 질문에 답하시오.

(1) BIL이란 무엇인지 그 명칭을 적으시오. :
(2) 차단기를 트립(Trip)시키는 방식을 3가지만 적으시오.
　　① 　　　　　　　　　　　　　　②
　　③

Answer

(1) 기준 충격 절연 강도
(2) ① 직류 전압 트립 방식
　　② 콘덴서 트립 방식
　　③ CT 트립 방식

75

지중전선로를 시설할 때 다음 각 항의 매설깊이에 대하여 쓰시오.

(1) 관로식에 의하여 시설하는 경우 최소 매설 깊이 :
(2) 직접 매설식에 의하여 시설하는 경우 최소 매설 깊이(중량물 압력 우려 있음) :

Answer

(1) 1[m] 이상
(2) 1[m] 이상

76

수전실 등의 시설과 관련하여 변압기, 배전반 등 수전설비는 보수점검에 필요한 공간 및 방화상 유효한 공간을 관리하기 위하여 주요부분이 유지하여야 할 거리를 정하고 있다. 다음 표에 기기별 최소유지거리를 쓰시오.

위치별 기기별	앞면 또는 조작·계측면	뒷면 또는 점검면	열상호간(점검하는 면)
특고압 배전반	[m]	[m]	[m]
저압 배전반	[m]	[m]	[m]

Answer

위치별 기기별	앞면 또는 조작·계측면	뒷면 또는 점검면	열상호간(점검하는 면)
특고압 배전반	1.7[m]	0.8[m]	1.4[m]
저압 배전반	1.5[m]	0.6[m]	1.2[m]

77 건축화 조명방식 중 천장에 매입하는 조명방식을 3가지만 쓰시오.

•

<ins>Answer</ins>

매입 형광등, down light(다운 라이트), pin hole light(핀홀 조명), coffer light(코퍼 조명)

78 전력퓨즈의 장·단점을 각각 3가지만 쓰시오.

(1) 전력퓨즈의 장점
　① 　　　　　　　　　　　　　　②
　③
(2) 전력퓨즈의 단점
　① 　　　　　　　　　　　　　　②
　③

<ins>Answer</ins>

(1) ① 고속도 차단이 가능하다.
　　② 소형으로 큰 차단용량을 갖는다.
　　③ 릴레이나 변성기가 필요 없다.
(2) ① 동작 후 재투입 불가
　　② 차단전류-동작시간 특성의 조정이 불가능하다.
　　③ 과도 전류에 용단되기 쉽다.

79 다음은 PLC 명령어 중 접점명령에 대한 것이다. 접점의 명칭 및 기능을 쓰시오.

명칭	심벌	접점의 명칭 및 기능
LOAD	─┤├─	
LOAD NOT	─┤╱├─	

<ins>Answer</ins>

명칭	심벌	접점의 명칭 및 기능
LOAD	─┤├─	시작점 A접점 : 상시개로 순시폐로
LOAD NOT	─┤╱├─	시작점 B접점 : 상시폐로 순시개로

80 수전방식 중에서 1회선 수전방식의 특징을 3가지만 쓰시오.

①
②
③

<ins>Answer</ins>

① 설비가 **간단하고 경제적**이다.
② **소규모용량**에 사용
③ 선로 및 수전용 차단기 사고 시에는 **고장파급**이 크다.

81 ★☆☆☆☆
피뢰기의 속류와 제한전압에 대하여 서술하여라.

- 속류 :
- 제한전압 :

🔍 Answer

- 속류 : **방전 전류**에 이어서 **전원으로부터 공급되는 상용주파수**의 전류가 **직렬 갭**을 통하여 대지로 흐르는 전류
- 제한전압 : 피뢰기 방전 중 피뢰기 단자 간에 남게 되는 충격전압(피뢰기가 처리하고 남은 전압)

82 ★☆☆☆☆
다음 내용에서 ① ~ ③에 알맞은 내용을 답란에 적어라.

"회로의 전압은 주로 변압기의 자기포화에 의하여 변형이 일어나는데 (①)을(를) 접속함으로서 이 변형이 확대되는 경우가 있어 전동기, 변압기 등의 소음 증대, 계전기의 오동작 또는 기기의 손실이 증대되는 등의 장해를 일으키는 경우가 있다. 그러기 때문에 이러한 장해의 발생 원인이 되는 전압파형의 찌그러짐을 개선할 목적으로 (①)와(과) (②)로(으로) (③)을(를) 설치한다."
①  ② ③

🔍 Answer

① 진상콘덴서　② 직렬　③ 리액터

83 ★★★★★
변류기(CT) 2대를 V결선하여 OCR 3대를 그림과 같이 연결하였다. 그림을 보고 다음 각 질문에 답하여라.

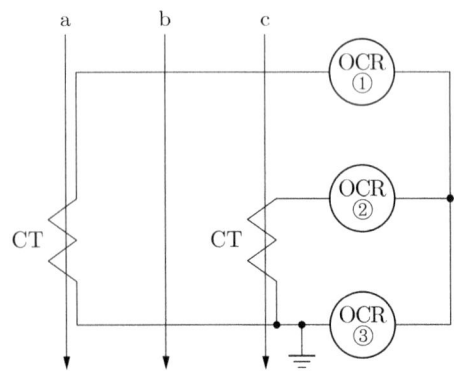

(1) 우리나라에서 사용하는 변류기(CT)의 극성은 일반적으로 어떤 극성을 사용하는지 적어라.
　•
(2) 변류기 2차측에 접속하는 외부 부하임피던스를 무엇이라고 하는지 적어라. :
(3) ③번 OCR에 흐르는 전류는 어떤 상의 전류인지 적어라. :
(4) OCR은 주로 어떤 사고가 발생하였을 때 작동하는지 적어라. :
(5) 이 전로는 어떤 배전방식을 취하고 있는지 적어라. :

Answer

(1) 감극성
(2) 정격부담
(3) b상 전류
(4) 단락사고
(5) 3상 3선식 비접지 방식

84 농형 유도전동기의 일반적인 속도 제어 방법 3가지를 적어라.

①   ②   ③

 Answer

① 주파수 변환법
② 극수 변환법
③ 전압 제어법

85 변압기의 임피던스 전압에 대하여 서술하여라.

 Answer

정격 전류가 흐를 때 변압기 내 전압강하

86 전기기기 및 송변전 선로의 고장 시 회로를 자동차단하는 고압 차단기의 종류 5가지와 각각의 소호 매체를 답란에 적어라.

고압 차단기	소호 매체	고압 차단기	소호 매체

 Answer

고압 차단기	소호 매체	고압 차단기	소호 매체
진공 차단기(VCB)	진공	공기 차단기(ABB)	압축공기
유입 차단기(OCB)	절연유	자기 차단기(MBB)	전자력
가스 차단기(GCB)	SF_6		

87 소세력 회로의 정의와 최대 사용전압과 최대 사용전류를 구분하여 쓰시오.

(1) 소세력 회로 정의 :

(2) 최대 사용전압 및 최대 사용전류

① 최대 사용전압 :
② 최대 사용전류 :

Answer

(1) 전자 개폐기의 조작회로 또는 초인벨·경보벨 등에 접속하는 전로
(2) ① 최대 사용전압 : 60[V] 이하
② 최대 사용전류 : 최대 사용전압이 15[V] 이하인 것은 5[A] 이하
　　　　　　　　　최대 사용전압이 15[V]를 넘고 30[V] 이하인 것은 3[A] 이하
　　　　　　　　　최대 사용전압이 30[V]를 넘고 60[V] 이하인 것은 1.5[A] 이하

88 일정 기간 사용한 연축전지를 점검하였더니 전 셀의 전압이 불균일하게 나타났다면, 어느 방식으로 충전하여야 하는지 충전방식의 명칭과 그 충전방식에 대하여 설명하시오.

(1) 충전방식의 명칭 :

(2) 충전방식 설명 :

Answer

(1) 충전방식의 명칭 : 균등 충전방식
(2) 충전방식 설명 : 각 전해조에 일어나는 전위차를 보정하기 위해 1~3개월마다 1회 정전압으로 10~12시간 충전하는 방식

89 지중전선로의 지중함 설치 시 지중함의 시설기준을 3가지만 쓰시오.
①
②
③

Answer

① 지중함은 견고하고 차량 기타 중량물의 압력에 견디는 구조일 것
② 지중함은 그 안에 고인 물을 제거할 수 있는 구조일 것
③ 지중함의 뚜껑은 시설자 이외의 자가 쉽게 열 수 없도록 시설할 것

90 전압의 크기에 따라 종별로 구분하고 그 전압의 범위를 쓰시오.
①
②
③

Answer

① 저압 : 직류는 1.5[kV] 이하, 교류는 1[kV] 이하인 것
② 고압 : 직류는 1.5[kV]를, 교류는 1[kV]를 초과하고, 7[kV] 이하인 것
③ 특고압 : 7[kV]를 초과하는 것

91 LPG를 주유하는 주유소의 전기설비에 대한 전기 설계를 하려고 한다. 다음 각 사항에 답하시오.

(1) 재해 방지를 위해 이와 같은 곳의 전기설비는 어떤 설비로 설계되어야 하는가? :
(2) 동력전원 공급배관은 노출공사나 배관으로 인한 가스 유입을 막기 위해 어떤 구조 배관 부속품을 사용하여야 하는가? :
(3) 전기기기류는 어떤 구조를 선택하여야 하는가? :
(4) 정전기에 의한 피해를 막기 위해 어떤 공사를 하여야 하는가? :

Answer

(1) 방폭 전기설비
(2) 내압방폭구조
(3) ① 내압방폭구조·압력방폭구조
    ② 유입방폭구조
(4) 제전기 설치, 접지

92 차단기 명판에 BIL 150[kV], 정격 차단 전류 20[kA], 차단 시간 3[Hz], 솔레노이드형이라고 기재되어 있다. 이것을 참고하여 다음 각 질문에 답하시오.

(1) BIL이란 무엇인가? :
(2) 조작전원으로 사용되는 전기는 어떤 종류의 전기가 사용되는가? :

Answer

(1) 기준 충격 절연 강도 : **뇌임펄스 내전압 시험 값**으로서 **절연 레벨의 기준**을 정하는 데 적용
(2) DC(직류)

93 부하율이 무엇인지 간단히 설명하고, 부하율의 크기와 전력 변동 및 설비 이용률의 관계를 비교 하시오.

• 부하율 :
• 관계의 비교 설명 :

Answer

• 부하율 : 어떤 기간 중의 **평균 수용전력과 최대 수용전력과의 비를 백분율**로 표시한 것이다.

$$부하율 = \frac{평균 전력}{최대 전력} \times 100[\%]$$

• 관계의 비교 설명 : **부하율이 큰 부하일수록 공급 설비가 유효하게 사용**되고 있는 것이고 반대로 **부하율이 작은 부하**일 경우는 부하전력의 변동이 심하고 공급 **설비의 이용률이 감소**하며 **첨두부하 설비가 증가**하게 된다.

94 저온 저장 창고로서 천장이 4[m]이고 출입구가 양쪽에 있으며, 사용 빈도가 시간별로 빈번하고 내부는 무창으로 습기가 많이 발생되는 곳에 대한 조명설계의 계획을 하려고 한다. 질문에 답하시오.

(1) 이곳에 가장 적당한 조명기구를 한 가지 쓰시오. :

(2) 전등을 가장 편리하게 점멸할 수 있는 방법에 대해서 설명하시오.
  •
(3) 사용전압이 220[V]이고 용량은 3[kW] 이내일 때 여기에 적합한 배전용 차단기는 어떤 차단기인가? :
(4) 조명 배치 시 참고해야 할 사항 2가지만 쓰시오.
  ①   ②

Answer

(1) 방습형 조명기구
(2) 3로 스위치를 이용한 2개소 점멸
(3) 누전 차단기
(4) ① 균일한 조도 분포 확보   ② 글래어(눈부심)가 발생하지 않도록

95 ★★★★☆
가정용 100[V] 전압을 220[V]로 승압할 경우 저압 간선에 나타나는 효과로 다음 질문에 답하시오.
(1) 공급 능력 증대는 몇 배인가?
(2) 전력 손실의 감소는 몇 [%]인가?
(3) 전압강하율의 감소는 몇 [%]인가?

Answer

(1) 공급 능력 $P \propto V = \dfrac{220}{100} = 2.2$ 답 : 2.2배

(2) 전력 손실 $P_l \propto \dfrac{1}{V^2}$ $P_l' = \left(\dfrac{100}{220}\right)^2 P_l = 0.2066 P_l$
   따라서 전력 손실 감소는 $(1 - 0.2066) \times 100 = 79.34[\%]$ 답 : 79.34[%]

(3) 전압강하율 $\delta \propto \dfrac{1}{V^2}$ 이므로 $\delta' = \left(\dfrac{100}{220}\right)^2 \delta = 0.2066 \delta$
   따라서 전압강하율 감소는 $(1 - 0.2066) \times 100 = 79.34[\%]$ 답 : 79.34[%]

96 ★★☆☆☆
옥내배선용 그림 기호에 대한 다음의 질문에 답하시오.
(1) 일반적인 콘센트의 그림 기호는 ⊙이다. ⊙은 어떤 경우에 사용되는가?
  •
(2) 점멸기의 그림 기호로 ●, ●$_{2P}$, ●$_3$의 의미는 어떤 의미인가?
  •
(3) 개폐기, 배선용 차단기, 누전 차단기의 그림 기호를 그리시오.
  • 개폐기 :   • 배선용 차단기 :
  • 누전 차단기 :
(4) HID등으로서 H400, M400, N400의 의미는 무엇인가?
  • H400 :   • M400 :
  • N400 :

Answer

(1) 천장에 부착하는 경우
(2) 단극 스위치, 2극 스위치, 3로 스위치
(3) 개폐기 : $\boxed{S}$, 배선용 차단기 : $\boxed{B}$, 누전 차단기 : $\boxed{E}$
(4) 400[W] 수은등, 400[W] 메탈헬라이드등, 400[W] 나트륨등

97. 다음과 같은 심벌의 명칭을 적으시오.

(1) 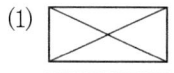   (2)    (3)

(4) 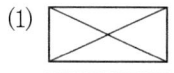   (5)

(1)
(2)
(3)
(4)
(5)

Answer

(1) 배전반
(2) 분전반
(3) 제어반
(4) 재해 방지 전원 회로용 배전반
(5) 재해 방지 전원 회로용 분전반

98. 전력 퓨즈에서 퓨즈에 대한 역할과 기능에 대해 다음의 질문에 답하시오.

(1) 퓨즈의 역할을 크게 2가지로 대별하여 간단하게 설명하시오.
  •
  •
(2) 퓨즈의 가장 큰 단점은 무엇인가?
(3) 주어진 표는 개폐 장치(기구)의 동작 가능한 곳에 O표를 한 것이다. ① ~ ③은 어떤 개폐 장치이겠는가?

기능 \ 능력	회로 분리		사고 차단	
	무부하	부하	과부하	단락
퓨즈	○			○
①	○	○	○	○
②	○	○	○	
③	○			

① ② ③

(4) 큐비클 종류 중 PF-S형 큐비클은 주 차단 장치로서 어떤 것들을 조합하여 사용하는 것을 말하는가?

Answer

(1) • **부하전류**는 안전하게 **통전**한다.
    • **어떤 일정 값 이상의 과전류**는 **차단**하여 전로나 기기를 보호한다.
(2) 재투입이 불가능하다.
(3) ① 차단기   ② 개폐기   ③ 단로기
(4) 전력 퓨즈와 고압 개폐기

99 절연전선의 피복에 다음과 같은 표시가 되어 있다. 이 표시에 대한 의미를 자세하게 적으시오.

(1) N-RV   (2) N-RC
(3) N-EV   (4) N-V

Answer

(1) N-RV : 고무 절연 비닐 시스 네온 전선
(2) N-RC : 고무 절연 클로로프렌 시스 네온 전선
(3) N-EV : 폴리에틸렌 절연 비닐 시스 네온 전선
(4) N-V : 비닐 절연 네온 전선

100 변압기를 과부하로 운전할 수 있는 조건을 5가지만 적으시오.

① ②
③ ④
⑤

Answer

① 주위 온도가 저하되었을 때
② 온도 상승 시험 기록에 의해 미달되어 있는 경우
③ 단시간 사용하는 경우
④ 부하율이 저하되었을 경우
⑤ 여러 가지 조건이 중복되었을 경우

101 다음의 용어를 각각 간단히 서술하시오.

(1) BIL
(2) INVERTER
(3) CONVERTER
(4) CVCF 전원 방식

Answer

(1) 기준 충격 절연 강도(Basic Impulse Insulation Level)로서 뇌임펄스 내전압 시험값으로서 절연 레벨의 기준을 정하는 데 적용
(2) 역변환 장치로서 직류를 교류로 변환
(3) 순변환 장치로서 교류를 직류로 변환
(4) 정전압 정주파수(Constant Voltage Constant Frequency) 전원 방식

102 그림은 무정전 전원 설비(UPS)의 기본 구성도이다. 이 그림을 보고 다음 각 질문에 답하시오.

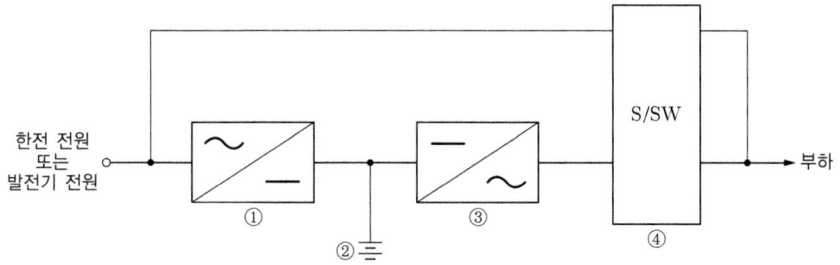

(1) 무정전 전원 설비(UPS)의 사용 목적을 간단히 설명하시오.

(2) 그림의 ①, ②, ③, ④에 대한 기기 명칭과 그 주요 기능을 쓰시오.

구분	기기 명칭	주요 기능
①		
②		
③		
④		

Answer

(1) UPS(Uninterruptible Power Supply)는 무정전 전원 공급 장치로서 직류 전원 장치(축전지)와 컨버터, 인버터로 구성되며 교류 전원을 정류기(컨버터)를 이용하여 직류로 변환하고 축전지에 저장하고 정전 시에는 축전지가 방전하여 이것을 인버터로써 교류로 역변환하여 부하에 전력을 공급하는 장치이다.

(2)

구분	기기 명칭	주요 기능
①	컨버터	교류를 직류로 변환
②	축전지	직류 전력을 저장
③	인버터	직류를 교류로 변환
④	절체스위치	상용전원 또는 UPS전원으로 절체하는 스위치

103 변압기에 사용되는 절연유의 구비조건을 4가지만 적으시오.

①
②
③
④

Answer

① 점도가 낮고 비열이 커서 **냉각** 효과가 클 것
② **절연내력이 클 것**

③ 인화점이 높고 응고점이 낮을 것
④ 고온에서 산화하지 않고, 석출물이 생기지 않을 것

104 가스 또는 분진 폭발 위험 장소에서 전기기계·기구를 사용하는 경우에는 그 증기·가스 또는 분진에 대하여 적합한 방폭 성능을 가진 방폭 구조 전기기계·기구를 선정하여야 한다. 주어진 예를 보고 다음 각 방폭 구조에 대하여 서술하시오.

> 예) 내압 방폭 구조 : 전폐 구조로 용기 내부에서 폭발이 생겨도 용기가 압력에 견디고 외부의 폭발성 가스에 인화될 우려가 없는 구조

(1) 압력방폭 구조 :

(2) 유입방폭 구조 :

(3) 안전증 방폭 구조 :

(4) 본질 안전 방폭 구조 :

Answer

(1) **압력방폭** 구조 : 용기 내부에 보호기체를 넣어 내부압력을 유지하여 **폭발성 가스가 용기 내부로 침입하는 것을 방지하는 구조**를 말한다.
(2) **유입방폭** 구조 : 전기불꽃이나 아크 또는 **고온 발생 우려가 있는 부분을 기름 속에 넣어 기름 위에 존재하는 폭발성 가스나 증기에 인화되지 않도록 하는 구조**를 말한다.
(3) **안전증 방폭** 구조 : 정상 운전 중에 폭발성 가스 또는 증기에 의해 점화가 될 수 있는 전기불꽃, 아크 또는 고온 발생 우려가 있는 부분의 발생을 억제하기 위해서 **기계적·전기적 구조상 온도 상승에 대해서 안전도를 증가시킨 구조**를 말한다.
(4) **본질 안전 방폭** 구조 : 정상시나 사고시(단락·지락·단선 등)에 발생하는 전기불꽃, 아크 또는 고온 발생 우려가 있는 부분들에 의해서 **폭발성의 가스 또는 증기에 점화되지 않는 구조**를 말한다.

105 버스 덕트 공사는 옥내의 노출 장소 또는 점검 가능한 은폐 장소의 건조한 장소에 한하여 시설할 수 있다. 버스 덕트 종류 5가지를 적으시오.

① ②
③ ④
⑤

Answer

① 피더 버스 덕트
② 익스팬션 버스 덕트
③ 탭붙이 버스 덕트
④ 트랜스포지션 버스 덕트
⑤ 플러그인 버스 덕트

106 사람의 접촉 우려가 있는 장소의 접지 공사에 관한 사항이다. 철주에 절연전선을 사용하여 접지 공사를 그림과 같이 노출 시공하고자 한다. 다음 각 질문에 답하시오.

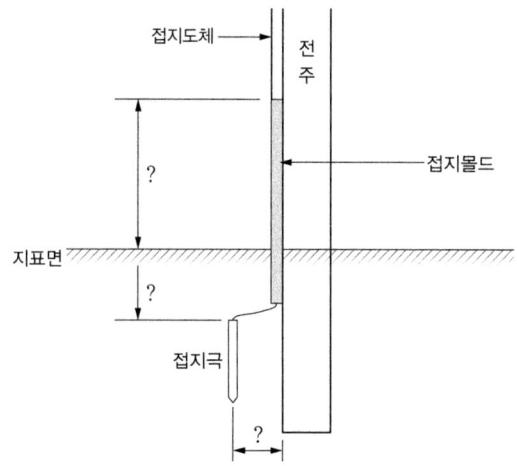

(1) 접지극의 지하 매설 깊이는 몇 [m] 이상이어야 하는가?
(2) 전주와 접지극의 이격거리는 몇 [m] 이상이어야 하는가?
(3) 지표상 접지 몰드의 높이는 몇 [m]까지로 하여야 하는가?

Answer

(1) 0.75[m]
(2) 1[m]
(3) 2[m]

107 그림에서 피뢰기 시설이 의무화되어 있는 장소를 도면에 ⊗로 나타내시오.

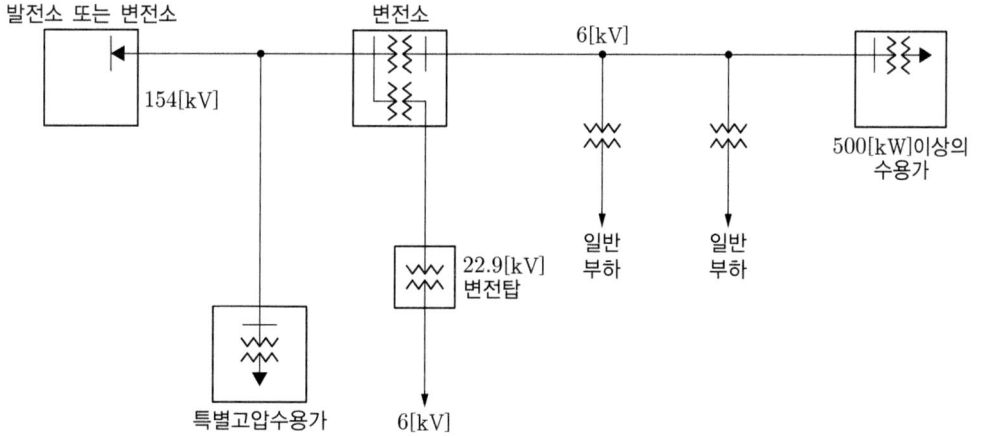

Answer

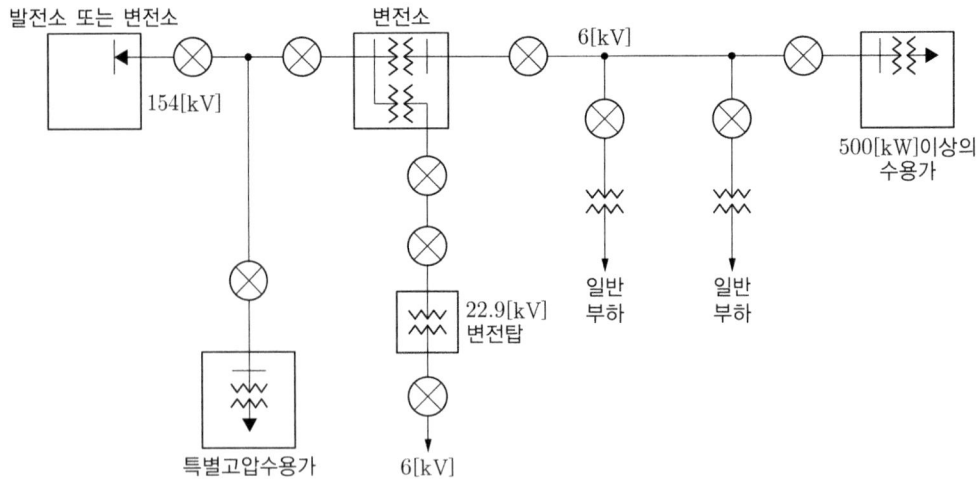

108 변압기 설비에 대한 다음 각 질문에 답하시오.

(1) H종 절연변압기는 백화점, 병원, 극장, 지하상가 등 화재가 발생했을 때 더 큰 사고로의 진전을 방지하기 위하여 주로 많이 사용되고 있다. 이 변압기의 주요 특성으로 장점을 3가지 이상 쓰시오.
   ①
   ②
   ③

(2) H종 절연 건식 변압기를 설치하면 이 변압기는 유입식 변압기에 비하여 충격파 내전압이 작기 때문에, 계통에 서지가 발생될 경우를 예상하여 어떤 것을 설치할 필요가 있는가?
   •

Answer

(1) ① **절연유를 사용하지 않아 소형·경량화**할 수 있다.
    ② **절연에 대한 신뢰성**이 높다.
    ③ **난연성, 자기소화성**으로 화재의 발생 우려가 적다.
    ④ 절연유를 사용하지 않으므로 **유지 보수가 용이**하다.
(3) 서지 흡수기(Surge Absorber)

109 다음 전선(케이블)의 표시 약호에 대한 우리말 명칭을 적으시오.

(1) VV : (2) DV :
(3) CV1 : (4) OW :
(5) NV :

Answer

(1) 0.6/1[kV] 비닐 절연 비닐시스 케이블
(2) 인입용 비닐 절연전선
(3) 0.6/1[kV] 가교 폴리에틸렌 절연 비닐 시스 케이블
(4) 옥외용 비닐 절연전선
(5) 비닐 절연 네온 전선

110 연가의 주 목적은 선로정수의 평형이다. 연가의 효과를 2가지만 적으시오.

①
②

Answer

① 통신선에 대한 정전 유도장해 경감
② 직렬공진에 의한 이상 전압 상승 방지

111 차단기 트립 회로 전원 방식의 일종으로서 AC전원을 정류해서 콘덴서에 충전시켜 두었다가 AC전원 정전 시 차단기의 트립 전원으로 사용하는 방식을 무엇이라 하는지 쓰시오.

•

Answer

콘덴서 트립 방식

112 서지보호장치(SPD : Surge Protective Device)에 대하여 기능에 따른 분류 3가지와 구조에 따른 분류 2가지를 쓰시오.

• 기능에 의한 분류 :
• 구조에 따른 분류 :

Answer

• 기능에 의한 분류 : **전압스위칭**형 SPD, **전압제한**형 SPD, **복합**형 SPD
• 구조에 의한 분류 : **1포트형, 2포트형**

113 공장 조명 설계 시 에너지 절약 대책 4가지를 적으시오.

①
②
③
④

Answer

① **고효율 등기구** 채택
② **고조도 저휘도 반사갓** 채용
③ **등기구의 격등 제어** 및 적정한 회로 구성
④ **전반조명과 국부조명(TAL 조명)을 적절히 병용**하여 이용

114 페란티 현상에 대해서 다음 각 질문에 답하시오.

(1) 페란티 현상이란 무엇인지 쓰시오.

•

(2) 발생 원인이 무엇인지 쓰시오.
  •
(3) 발생 억제 대책에 대하여 쓰시오.
  •

Answer

(1) 경부하(무부하) 시의 수전단 전압이 송전단 전압보다 높아지는 현상
(2) 선로의 정전용량에 의한 충전전류에 의해 발생
(3) 분로 리액터를 설치

115 ★☆☆☆☆
집합형으로 콘덴서를 설치할 경우와 비교하여, 전동기 단자에 개별로 콘덴서를 설치할 때 예상되는 장점 및 단점을 1가지씩만 적으시오.

• 장점 :
• 단점 :

Answer

장점 : 전력 손실 경감 효과가 크다.
단점 : 설치 및 유지 보수 비용이 증가한다.

116 ★☆☆☆☆
다음은 일반 옥내배선에서 전등, 전력, 통신, 신호, 재해 방지, 피뢰설비 등의 배선, 기기 및 부착 위치, 부착 방법을 표시하는 도면에 사용되는 기호이다. 각 기호의 명칭을 적으시오.

(1) ⊠ :   (2) ◨ :   (3) ⋈ :
(4) ▭ :   (5) ▤ :

Answer

(1) 배전반   (2) 분전반   (3) 제어반
(4) 단자반   (5) 중간단자반

117 ★☆☆☆☆
풍력 발전 시스템의 특징 4가지를 적으시오.

①
②
③
④

Answer

① 무공해 청정에너지이다.
② 운전 및 유지비용이 절감된다.
③ 풍력발전소 부지를 효율적으로 이용할 수 있다.
④ 화석연료를 대신하여 에너지원의 고갈에 대비할 수 있다.

118 건축물의 천장이나 벽 등을 조명기구 겸용으로 마무리하는 건축화 조명이 최근 많이 시공되고 있다. 옥내조명설비(KDS 31 70 10:2019)에 따른 건축화 조명의 종류를 4가지만 적으시오.

Answer

루버 조명, down light(다운 라이트), 코브 조명, coffer light(코퍼 조명)

119 변압기의 병렬운전 조건을 4가지 적으시오.

① ②
③ ④

Answer

① **극성이 일치**할 것
② **정격 전압**(권수비)이 같은 것
③ **%임피던스 강하**(임피던스 전압)가 같을 것
④ **내부 저항과 누설 리액턴스의 비**가 같을 것

120 정전기 대전의 종류 3가지와 방지대책 2가지를 쓰시오.

(1) 정전기 대전의 종류

(2) 정전기 재해 방지 대책

Answer

(1) 정전기 대전의 종류
① **마찰**대전
② **박리**대전
③ **유동**대전
(2) 정전기 재해 방지 대책
① **접지와 본딩**(도체)
② **인체의 대전 방지**

121 50[Hz]로 설계된 3상 유도전동기를 동일전압으로 60[Hz]에 사용할 경우 다음 항목이 어떻게 변화하는지를 수치로 제시하여 쓰시오.

(1) 무부하 전류 :
(2) 온도 상승 :
(3) 속도 :

Answer

(1) 무부하 전류 : 5/6로 감소
(2) 온도 상승 : 5/6로 감소
(3) 속도 : 6/5로 증가

122 다음의 저항을 측정하는 데 가장 적당한 방법은 무엇인지 쓰시오.

(1) 황산구리 용액 :
(2) 길이 1[m]의 연동선 :
(3) 백열 상태에 있는 백열전구의 필라멘트 :
(4) 검류계의 내부저항 :

Answer

(1) 콜라우시 브리지법
(2) 캘빈 더블 브리지법
(3) 전압강하법
(4) 휘이스톤 브리지법

123 수전 전압 22.9[kV] 변압기 용량 3,000[kVA]의 수전 설비를 계획할 때 외부와 내부의 이상 전압으로부터 계통의 기기를 보호하기 위해 설치해야 할 기기의 명칭과 그 설치 위치를 설명하시오. 단, 변압기는 몰드형으로서 변압기 1차의 주 차단기는 진공차단기를 사용하려고 한다.

(1) 낙뢰 등 외부 이상 전압
  • 기기명 :
  • 설치위치 :
(2) 개폐 이상 전압 등 내부 이상 전압
  • 기기명 :
  • 설치위치 :

Answer

(1) 기기명 : 피뢰기
   설치 위치 : 진공차단기 1차 측
(2) 기기명 : 서지 흡수기
   설치 위치 : 진공차단기 2차 측과 몰드형 변압기 1차 측 사이

124 연축전지의 고장으로 전 셀의 전압이 불균형이 크고 비중이 낮았을 때 추정할 수 있는 원인은?

•

Answer

방전 상태로 방치, 충전 부족으로 장기간 사용, 불순물의 혼입

125 축전지 설비에 대한 다음 질문에 답하시오.

(1) 연축전지 설비의 초기에 단전지 전압의 비중이 저하되고, 전압계가 역전하였다. 어떤 원인으로 추정할 수 있는가? :
(2) 충전 장치 고장, 과충전, 액면 저하로 인한 극판 노출, 교류분 전류의 유입 과대 등의 원인에 의하여 발생될 수 있는 현상은? :
(3) 축전지와 부하를 충전기에 병렬로 접속하여 사용하는 충전 방식은? :

(4) 축전지 용량은 $C = \dfrac{1}{L}KI$로 계산하면, I는 방전 전류, K는 용량 환산 시간이다. L은 무엇인가?
  •

Answer

(1) 축전지의 역 접속
(2) 축전지의 현저한 온도 상승 또는 소손
(3) 부동 충전 방식
(4) 보수율

126 ★★☆☆☆
다음 각 질문에 답하시오.

(1) 농형 유도전동기의 기동법을 쓰시오.
  •　　　　　　　•　　　　　　　•　　　　　　　•

(2) 유도전동기의 1차권선의 결선을 △에서 Y로 바꾸면 기동 시 1차 전류는 △ 결선 시의 몇 배가 되는가? :

Answer

(1) 전전압 기동법, Y-△기동법, 리액터 기동법, 기동 보상기법
(2) $\dfrac{1}{3}$ 배

127 ★☆☆☆☆
배전반 주 회로 부분과 감시 제어회로 중 감시 제어 기기의 구성요소를 4가지 적고 간단히 서술하시오.

①
②
③
④

Answer

① **감시** 기능 : 각종 **기기의 상태**, **이상고장** 표시, 설정된 상하한 비교 감시
② **제어** 기능 : **역률제어**, **전압제어**, 수전단 자동절환, 변압기 대수 제어 등
③ **계측제어** : **전압, 전류, 전력 및 일, 월별 부하변동**
④ **관리** 기능 : 동작고장**기록**, 데이터의 **저장**, **보관**, **일보**, **월보** 작성

128 ★☆☆☆☆
폭 15[m], 길이 30[m]인 사무실에 조명 설비를 하려고 한다. 주어진 조건을 이용하여 다음 각 질문에 답하시오.

- 실내 평균 조도 : 150[lx]
- 조명률 : 0.5
- 유지율 : 0.69
- 작업면에서 광원까지의 높이 : 2.8[m]
- 등기구 : 40[W], 백색 형광등(광속 2,800[lm]) 사용

(1) 형광등의 램프 수가 2개인 것을 사용할 경우 그림 기호를 그리고 형광등에 그 문자 기호를 써넣으시오.
(2) 건축기준법에 따르는 비상조명등을 백열등과 형광등으로 구분하여 그 그림 기호를 그리시오.
 • 형광등 :
 • 백열등 :

Answer

(1) 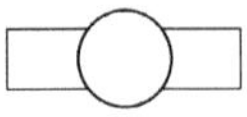 ▭◯▭
　　F40×2

(2) • 형광등 : ▬◯▬ 
 • 백열등 : ●

129 ★★☆☆☆
변압기의 고장(소손(燒損)) 원인 중 5가지를 적으시오.

① ②
③ ④
⑤

Answer

① 권선의 **상간단락**
② 권선의 **층간단락**
③ 권선의 **지락**
④ 고·저압 **권선의 혼촉**
⑤ **단선**

130 ★☆☆☆☆
변전 설비의 과전류 계전기가 동작하는 단락 사고의 원인 4가지를 적으시오.

① ②
③ ④

Answer

① 모선의 **선간단락 및 3상 단락**
② 기기 내부에서의 **절연불량**에 의한 단락
③ **인축의 접촉**에 의한 단락
④ **케이블 절연 불량**에 의한 단락

131 ★★☆☆☆
다음의 그림은 변압기 절연유의 열화 방지를 위한 습기 제거 장치로서 흡습제와 절연유가 주입되는 2개의 용기로 이루어져 있다. 하부에 부착된 용기는 외부 공기와 직접적인 접촉을 막아주기 위한 용기로, 표시된 눈금(용기의 2/3 정도)까지 절연유를 채워 관리되어야 한다. 이 변압기 부착물의 명칭을 적으시오.
 • 명칭 :

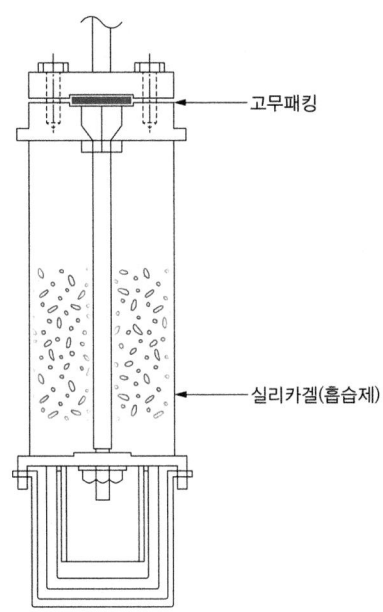

Answer

흡습 호흡기

132 전기설비에서 사용되는 다음 용어의 정의를 서술하시오.

(1) 간선 :
(2) 단락전류 :
(3) 사용전압 :
(4) 분기회로 :

Answer

(1) **간선** : 인입구에서 분기과전류 차단기에 이르는 배선으로서 분기회로의 분기점에서 전원 측의 부분을 말한다.
(2) **단락전류** : 전로의 선간이 임피던스가 적은 상태로 접촉되었을 경우에 그 부분을 통하여 흐르는 큰 전류를 말한다.
(3) **사용전압** : 보통의 사용 상태에서 그 회로에 가하여지는 선간전압을 말한다.
(4) **분기회로** : 간선에서 분기하여 분기과전류 차단기를 거쳐서 부하에 이르는 사이의 배선을 말한다.

133 고압 회로의 지락보호를 위하여 검출기로 관통형 영상변류기를 사용할 경우 케이블의 실드 접지의 접지점은 원칙적으로 케이블 1회선에 대하여 1개소로 한다. 그러나, 케이블의 길이가 길게 되어 케이블 양단에 실드 접지를 하게 되는 경우 양 끝의 접지는 다른 접지도체와 접속하면 안 되는데, 그 이유는 무엇인지 서술하시오.

•

Answer

케이블 양단에 실드 접지를 하는 경우 양 끝의 접지가 다른 접지도체와 접속하게 되면, 지락 사고 시 지락전류의 일부분이 다른 접지도체의 접지점을 통하여 흐르게 된다. 그 결과 지락 계전기의 입력이 감소하여 감출감도가 저하되므로 지락 계전기가 동작하지 않을 수도 있기 때문이다.

134. MOF에 대하여 간략히 서술하시오.

Answer

전력 수급용 계기용 변성기로서, 전력량계를 위한 CT와 PT를 한 탱크 내에 수용한 것

135. 보호계전기에 필요한 특성 4가지를 적으시오.

① ② ③ ④

Answer

① 선택성   ② 신뢰성   ③ 감도   ④ 속도

136. 폐쇄형 수배전반(Metal Clad Switchgear)의 특징과 장점을 3가지만 쓰시오.

- 특징 :
- 개방형 수배전반과 비교할 때 폐쇄형 수배전반의 장점(3가지) :
  ①
  ②
  ③

Answer

- 특징 : 수전설비를 구성하는 기기를 단위폐쇄 배전반이라 불리는 금속제 외함(函)에 넣어서 수전설비를 구성하는 것
- 개방형 수배전반과 비교할 때 폐쇄형 수배전반의 장점(3가지) :
  ① **안정성**이 우수
  ② 단위회로로 제작소에서 표준화할 수 있으므로 **장치에 호환성**이 있어 **증설이나 보수에 편리**
  ③ **현지공사의 단축**

137. 다음 (   ) 안에 알맞은 내용을 쓰시오.

저압옥내전선로의 경우는 수용가의 인입구에 가까운 곳에 쉽게 개폐할 수 있는 개폐기 및 과전류차단기 등의 인입구장치를 시설하여야 한다. 인입구장치를 시설하는 장소에서 개폐기의 합계가 (   )개 이하이고 또한 이들 개폐기를 집합하여 시설하는 경우는 전용의 인입 개폐기를 생략할 수 있다.

Answer

6

138 변압기 2차 측 단락전류 억제 대책을 고압회로와 저압회로로 나누어서 간략하게 쓰시오.

(1) 고압회로의 억제 대책(2가지)
　① 　　　　　　　　　　　　　　　②

(2) 저압회로의 억제 대책(3가지)
　① 　　　　　　　　　　　　　　　②
　③

Answer

(1) ① 계통의 분리
　　② 변압기 임피던스 제어
(2) ① 한류리액터 사용
　　② 캐스캐이딩방식(후비보호) 채택
　　③ 계통연계기 사용

139 콘덴서 회로에 직렬리액터를 반드시 넣어야 하는 경우를 2가지 쓰고, 그 이유를 설명하시오.

•

•

Answer

• **콘덴서 투입 시(돌입전류 억제)** : 돌입전류가 흐르면 **변류기(CT)** 2차 회로에 섬락이 생기거나 계기, 계전기가 소손됨에 따라, 개폐기(차단기)의 접점 돌입전류에 의해 이상 마모됨
• **파형의 개선(고조파를 줄이기 위해)** : 대용량의 진상용 콘덴서를 설치하면 **고조파 전류(특히 5고조파)**에 의해 회로전압이나 전류파형의 왜곡을 일으킴

140 다음 그림기호의 정확한 명칭을 쓰시오.

그림기호	명칭(구체적으로 기록)
CT	
TS	
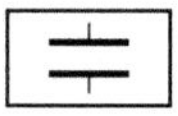 ⊥	
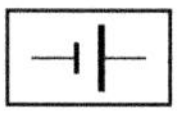 ⊣⊢	
Wh	

Answer

그림기호	명칭(구체적으로 기록)
CT	변류기(상자)
TS	타임스위치
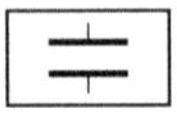 ―╪―	콘덴서
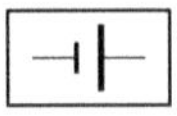 ―┤├―	축전지
Wh	전력량계 (상자들이 또는 후드붙이)

141 부하개폐기(LBS : Load Breaker Switch)의 기능을 설명하시오.

・

Answer

부하전류는 개폐할 수 있으나 고장전류는 차단할 수 없음

142 송전계통의 중성점을 접지하는 목적을 3가지만 쓰시오.

①
②
③

Answer

① 1선 지락 시 건전상의 전위상승을 억제하여 선로 및 기기의 절연레벨을 낮춘다.
② 과도 안정도가 증진, 보호 계전기의 동작 확실(고속차단)
③ 지락 아크를 소멸하고 이상전압 방지한다.

143 다음 전선 약호의 품명을 쓰시오.

약호	품명
ACSR	
CN-CV-W	
FR CNCO-W	
LPS	
VCT	

Answer

약호	품명
ACSR	강심 알루미늄 연선
CN-CV-W	동심 중성선 수밀형 전력케이블
FR CNCO-W	동심 중성선 수밀형 저독성 난연 전력케이블
LPS	300/500[V] 연질 비닐 시스케이블
VCT	0.6/1[kV] 비닐 절연 비닐 캡타이어케이블

144 ★☆☆☆☆
그림과 같은 저압 배선방식의 명칭과 특징을 4가지만 쓰시오.

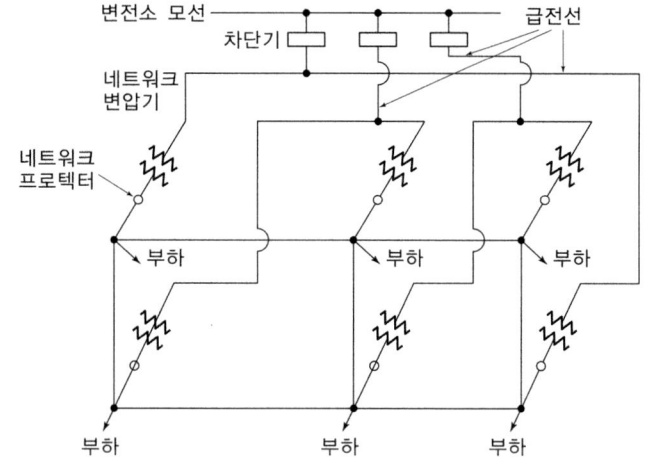

(1) 명칭 :
(2) 특징(4가지) :
　① 　　　　　　　　　　　②
　③ 　　　　　　　　　　　④

Answer

(1) 명칭 : 저압 네트워크 방식
(2) 특징(4가지) :
　① 무정전 공급이 가능하다(공급신뢰성이 가장 우수).
　② 전압 강하가 작다.
　③ 플리커 현상이 적다.
　④ 전력 손실이 작다.

145 ★☆☆☆☆
조명설비의 광원으로 활용되는 할로겐램프의 장점(3가지)과 용도(2가지)를 각각 쓰시오.
(1) 장점
　① 　　　　　　　　　　　②
　③
(2) 용도
　① 　　　　　　　　　　　②

Answer

(1) 장점
① **백열전구에 비해 소형**이다.
② **발색 광속이 많고, 고휘도** 전구이다.
③ **배광제어가 용이**하다.
(2) 용도
① 옥외의 투광 조명
② 고천장 조명

146. 축전지를 사용 중 충전하는 방식을 4가지만 쓰시오.

① ② ③ ④

Answer

① 보통 충전   ② 급속 충전   ③ 부동 충전   ④ 세류 충전

147. 피뢰기의 정기점검 항목을 4가지만 쓰시오.

① ②
③ ④

Answer

① 피뢰기 애자 부분 손상여부 점검
② 피뢰기 1, 2차측 단자 및 단자볼트 이상 유무 점검
③ 피뢰기 절연저항 측정
④ 피뢰기 접지저항 측정

148. 전력계통에 이용되는 리액터의 분류에 따른 설치 목적을 적으시오.

구분	설치 목적
분로(병렬) 리액터	
직렬 리액터	
소호 리액터	
한류 리액터	

Answer

구분	설치 목적
분로(병렬) 리액터	페란티 현상의 방지
직렬 리액터	제5고조파의 제거
소호 리액터	지락 전류의 제한
한류 리액터	단락 전류의 제한

149 부하설비의 역률이 90[%] 이하로 낮아지는 경우 수용가가 볼 수 있는 손해를 4가지만 적으시오. 단, 역률은 지상역률이다.

① ②
③ ④

Answer

① 전력 손실이 증가
② 전압 강하가 증가
③ 전기 요금이 증가
④ 설비용량의 여유분 감소

150 다음 그림과 같은 배전방식의 명칭과 이 배전방식의 특징을 4가지 적으시오. 단, 특징은 배전용 변압기 1대 단위로 저압 배전선로를 구성하는 방식과 비교한 경우이다.

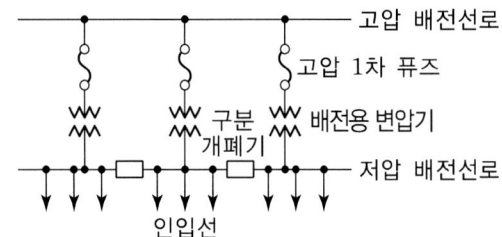

(1) 명칭 :
(2) 특징 :
  ① ②
  ③ ④
  ⑤ ⑥

Answer

(1) 명칭 : 저압 뱅킹방식
(2) 특징
  ① **전압 강하가 작다.**   ② **플리커 현상이 적다.**
  ③ **전력 손실이 작다.**   ④ **전압변동이 적다.**
  ⑤ 저압선의 동량이 절감되고 **변압기의 용량이 저감**된다.
  ⑥ 부하 증가에 대한 **공급 탄력성**이 있다.

151 다음 표 안의 시설 조건에 맞는 고압가공인입선의 높이를 적으시오. 단, 내선규정을 따른다.

시설 조건	전선의 높이	
도로(농로 기타의 교통이 복잡하지 않는 도로 및 횡단보도교는 제외)의 노면상	①	이상
철도 또는 레일면상	②	이상
횡단보도교의 노면상	③	이상
상기 이외의 지표상	④	이상
공장 구내 등에서 해당 전선(가공케이블은 제외)의 아래쪽에 위험하다는 표시를 할 때의 지표상	⑤	이상

Answer

시설 조건	전선의 높이
도로(농로 기타의 교통이 복잡하지 않는 도로 및 횡단보도교는 제외)의 노면상	① 6[m] 이상
철도 또는 레일면상	② 6.5[m] 이상
횡단보도교의 노면상	③ 3.5[m] 이상
상기 이외의 지표상	④ 5[m] 이상
공장 구내 등에서 해당 전선(가공케이블은 제외)의 아래쪽에 위험하다는 표시를 할 때의 지표상	⑤ 3.5[m] 이상

152 다음 용어에 대하여 서술하시오.

(1) 변전소 :

(2) 개폐소 :

(3) 급전소 :

Answer

(1) **변전소** : 변전소의 **밖으로부터 전송받은 전기**를 변전소 안에 시설한 변압기·전동발전기·회전변류기·정류기 그 밖의 **기계기구에 의하여 변성**하는 곳으로서 **변성한 전기를 다시 변전소 밖으로 전송**하는 곳을 말한다.
(2) **개폐소** : 개폐소 안에 시설한 개폐기 및 기타 장치에 의하여 전로를 개폐하는 곳으로서 발전소·변전소 및 수용장소 이외의 곳을 말한다.
(3) **급전소** : **전력계통의 운용에 관한 지시 및 급전조작**을 하는 곳을 말한다.

153 계전기에 최소 동작값을 넘는 전류를 인가하였을 때부터 그 접점을 닫을 때까지 요하는 시간, 즉 동작시간을 한시 또는 시한이라고 한다. 다음 그림은 계전기를 한시 특성으로 분류하여 그린 것이다. 특성에 맞는 곡선에 해당하는 계전기의 명칭을 적으시오.

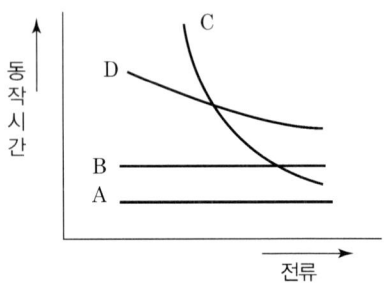

특성 곡선	계전기 명칭
A	
B	
C	
D	

Answer

특성 곡선	계전기 명칭
A	순한시 계전기
B	정한시 계전기
C	반한시 계전기
D	반한시성 정한시 계전기

154
★☆☆☆☆

특고압 가공전선과 저고압 가공전선 등의 1차 접근 또는 교차할 경우 질문에 답하시오. 단, 아래 (1), (2)의 사항은 전기설비기술기준에 따른다.

(1) 특고압 가공전선로는 제 (①)종 특고압 보안공사에 의할 것
(2) 특고압 가공전선과 저고압 가공전선 등 또는 이들의 지지물이나 지주 사이의 이격거리는 60,000[V] 이하의 것은 (②)[m] 이상, 60,000[V]를 초과하는 것은 (②)[m]에 10,000[V] 또는 그 단수마다 (③)[cm]를 더한 값 이상일 것

①   ②   ③

Answer

① 3   ② 2   ③ 12

155
★☆☆☆☆

전력용 몰드변압기의 이상 현상 중 절연파괴 원인 4가지만 적으시오.

•   •
•   •

Answer

- 낙뢰의 침투
- 전원 재투입 및 순간정전에 의한 개폐서지
- 콘덴서의 개폐 또는 이상
- 지속적인 과부하 운전 및 외부 단락사고

156
★☆☆☆☆

다음은 자동제어의 분류방법 중에서 제어기의 구성에 따른 분류이다. 해당하는 제어방식을 적어 넣으시오.

① (   ) 제어 : 제어량이 설정값에서 어긋나면 조작부를 개폐하여 제어신호를 ON(기동) 또는 OFF(정지)하여 제어하는 방식으로 제어결과가 사이클링을 일으키므로 오프셋이 일어나며 빠른 응답속도를 요구하는 제어기에서는 사용할 수 없다.

② (   ) 제어 : 기준입력(설정값)과 제어 대상(플랜트)의 피드백 양의 오차에 비례게인(이득) 값을 곱하여 제어하는 방식으로 정상상태 오차를 수반할 수 있다.

③ (   ) 제어 : 기준입력(설정값)과 제어 대상(플랜트)의 피드백 양의 오차에 비례게인(이득)과 그 오차를 적분하여 적분게인을 곱한다. 그리고 그 두 값을 더하여 제어 대상의 조작량으로 제어하는 방식으로 정상상태의 특성을 개선할 수 있다.

④ (   ) 제어 : 기준입력(설정값)과 제어 대상(플랜트)의 피드백 양의 오차에 비례게인(이득)과 그 오차를 미분하여 미분게인을 곱한다. 그리고 그 두 값을 더하여 제어 대상의 조작량으로 제어하는 방식으로 응답 속응성을 개선할 수 있다.

⑤ (　　　　　) 제어 : 기준입력(설정값)과 제어 대상(플랜트)의 피드백 양의 오차에 비례게인(이득)과 그 오차를 미분과 적분을 수행하여 미분게인과 적분게인을 곱한다. 그리고 그 값을 모두 더하여 제어 대상의 조작량으로 제어하는 방식으로 정상상태 특성과 응답 속응성을 개선할 수 있다.

Answer

① ON-OFF
② 비례
③ 비례적분
④ 비례미분
⑤ 비례미분적분

157 변압기 보호를 위하여 과전류계전기의 탭(Tab)과 레버(Lever)를 정정하였다고 한다. 과전류계전기에서 탭(Tab)과 레버(Lever)는 각각 무엇을 정정하는지를 적으시오.

• 탭 :　　　　　　　　　　　　　　　　• 레버 :

Answer

• 탭 : 과전류계전기의 최소 동작전류
• 레버 : 과전류계전기의 동작 시간

158 △ - △ 결선으로 운전하던 중 한 상의 변압기에 고장이 생겨 이것을 분리하고 나머지 2대로 3상 전력을 공급하고자 한다. 다음 각 질문에 답하시오.

(1) 결선의 명칭을 쓰시오.
(2) 이용률은 몇 [%]인가?
(3) 변압기 2대의 3상 출력은 △ - △ 결선 시의 변압기 3대의 출력과 비교할 때 몇 [%] 정도인가?

Answer

(1) V-V 결선
(2) 이용률 $= \dfrac{\sqrt{3}\,VI}{2\,VI} = \dfrac{\sqrt{3}}{2} \times 100 = 86.6[\%]$
(3) 출력비 $= \dfrac{V\text{결선출력}}{\triangle\text{결선출력}} = \dfrac{\sqrt{3}\,VI}{3\,VI} = \dfrac{1}{\sqrt{3}} \times 100 = 57.74[\%]$

159 동력 부하 설비로 많이 사용되는 전동기를 합리적으로 선정하기 위하여 고려할 사항 4가지 이상 적으시오.

①　　　　　　　②　　　　　　　③　　　　　　　④

Answer

① 부하조건　　　② 전동기의 형식
③ 정격출력　　　④ 극수
⑤ 기동방식　　　⑥ 속도조정
⑦ 정격
중의 4가지

160
다음 질문에 답하시오.

(1) 전력 퓨즈는 과전류 중 주로 어떤 전류의 차단을 목적으로 하는가? :
(2) 전력 퓨즈의 단점을 보완하기 위한 대책을 3가지만 쓰시오.
　① 　　　　② 　　　　③

Answer

(1) 단락전류
(2) ① **용도를 한정**한다.　② **과소정격을 배제**한다.　③ **큰 정격전류를 선정**한다.

161
다음 그림은 배전반에서 계측을 하기 위한 계기용 변성기이다. 그림을 보고 명칭, 약호, 심벌, 역할에 알맞은 내용을 써 넣으시오.

구분		
명칭		
약호		
심벌		
역할		

Answer

구분		
명칭	변류기	계기용 변압기
약호	CT	PT
심벌	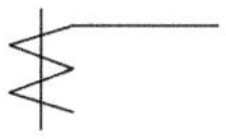 ⌿	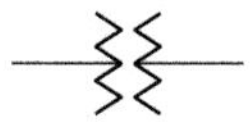 ⌇
역할	대전류를 소전류로 변성하여 계기 및 계전기에 공급한다.	고전압을 저전압으로 변성시켜 계기 및 계전기 등의 전원으로 사용한다.

162
다중 접지 계통에서 수전 변압기를 단상 2부싱 변압기로 Y – △ 결선하는 경우에 1차 측 중성점은 접지하지 않고 부동(Floating)시켜야 한다. 그 이유를 서술하시오.

•

Answer

Y-△결선 시 1차 측 단상 변압기 3대 중 1대의 PF용단 시 역 V결선되므로 변압기가 과부하 소손이 된다.

163 수변전 설비에 설치하고자 하는 파워 퓨즈(전력용 퓨즈)는 사용 장소, 정격 전압, 정격 전류 등을 고려하여 구입하여야 하는데, 이외에 고려하여야 할 주요 특성 3가지를 적으시오.

① ② ③

Answer

① 정격 차단 용량 ② 최소 차단 전류 ③ 전류-시간 특성

164 다음 기기의 용어를 간단하게 서술하시오.

(1) 점멸기 :
(2) 단로기 :
(3) 차단기 :
(4) 전자 접촉기 :

Answer

(1) 전등 등의 **점멸**에 사용
(2) 기기의 점검 및 수리 시에 **차단된 전로를 확실히 끊기 위해 사용**
(3) **부하전류 개폐 및 고장전류를 차단**하기 위하여 사용
(4) **부하의 개폐 빈도가 높은 곳**에 사용

165 허용 가능한 독립 접지의 이격거리를 결정하게 되는 세 가지 요인은 무엇인지 쓰시오.

① ②
③

Answer

① 발생하는 **접지전류의 최대값** ② **전위 상승의 허용값**
③ 그 지점의 **대지 저항률**

166 목적에 따른 접지의 분류에서 계통 접지와 기기 접지에 대한 접지 목적을 적으시오.

(1) 계통 접지
(2) 기기 접지

Answer

(1) 계통 접지 : 고압 전로와 저압 전로가 혼촉 되었을 때 감전이나 화재 방지
(2) 기기 접지 : 누전되고 있는 기기에 접촉 시 감전 방지

167 옥내에 시설되는 단상전동기에 과부하 보호 장치를 하지 않아도 되는 전동기의 용량은 몇 [kW] 이하인지 쓰시오.

•

Answer

0.2[kW] 이하

168 ★☆☆☆☆

전력시설물 공사감리업무 수행지침에 따른 부진공정 만회대책에 대한 내용이다. 다음 괄호에 들어갈 내용을 적으시오.

> "감리원은 공사 진도율이 계획공정 대비 월간 공정실적이 (①)[%] 이상 지연되거나, 누계 공정 실적이 (②)[%] 이상 지연될 때에는 공사업자에게 부진사유 분석, 만회대책 및 만회공정표를 수립하여 제출하도록 지시하여야 한다."

① :   ② :

Answer

① 10   ② 5

169 ★☆☆☆☆

한국전기설비규정(KEC)의 합성수지관공사 시설 장소에 대한 내용을 정리한 표이다. 빈칸에 시설가능 여부를 "○", "×" 기호로 표기하시오.

옥내						옥측/옥외	
노출 장소		은폐 장소					
		점검가능		점검 불가능			
건조한 장소	습기가 많은 장소 또는 물기가 있는 장소	건조한 장소	습기가 많은 장소 또는 물기가 있는 장소	건조한 장소	습기가 많은 장소 또는 물기가 있는 장소	우선 내	우선 외
○	( )	○	( )	( )	( )	○	( )

○ : 시설할 수 있다.
× : 시설할 수 없다.
[비고 1] 점검 가능 장소 예시 : 건물의 빈 공간 등
[비고 2] 점검 불가능가능 장소 예시 : 구조체 매입, 케이블채널, 지중 매설, 창틀 및 처마도리 등

Answer

옥내						옥측/옥외	
노출 장소		은폐 장소					
		점검가능		점검 불가능			
건조한 장소	습기가 많은 장소 또는 물기가 있는 장소	건조한 장소	습기가 많은 장소 또는 물기가 있는 장소	건조한 장소	습기가 많은 장소 또는 물기가 있는 장소	우선 내	우선 외
○	○	○	○	○	○	○	○

○ : 시설할 수 있다.
× : 시설할 수 없다.
[비고 1] 점검 가능 장소 예시 : 건물의 빈 공간 등
[비고 2] 점검 불가능가능 장소 예시 : 구조체 매입, 케이블채널, 지중 매설, 창틀 및 처마도리 등

170 옥내조명설비 중 아래 질문에 해당하는 건축화 조명방식을 각각 3가지만 적으시오.

(1) 천장면 이용방식 :
(2) 벽면 이용방식 :

Answer

(1) 천장면 이용방식
- 광천장 조명
- 루버 조명
- cove조명

(2) 벽면 이용방식
- coner 조명
- conice 조명
- valance 조명

171 전기안전관리자의 직무에 관한 고시에 따라 전기안전관리자는 전기설비의 유지·운용 업무를 위해 국가표준기본법 제 14조 및 교정대상 및 주기설정을 위한 지침 제4조에 따라 다음의 계측 장비를 주기적으로 교정하여야 한다. 다음 계측 장치의 권장 교정 주기를 답란에 적으시오.

구 분		권장 교정 주기(년)
계측 장비 교정	절연저항 측정기(1,000[V], 2,000[MΩ])	(①)
	접지저항 측정기	(②)
	클램프 미터	(③)
	회로 시험기	(④)
	계전기 시험기	(⑤)

① :   ② :   ③ :
④ :   ⑤ :

Answer

① : 1   ② : 1   ③ : 1   ④ : 1   ⑤ : 1

172 다음과 같은 회로에서 단자 전압이 V_0일 때 전압계의 눈금 V로 측정하기 위해서는 배율기의 저항 R_m은 얼마로 하여야 하는가? 단, 전압계의 내부 저항은 R_v로 한다.

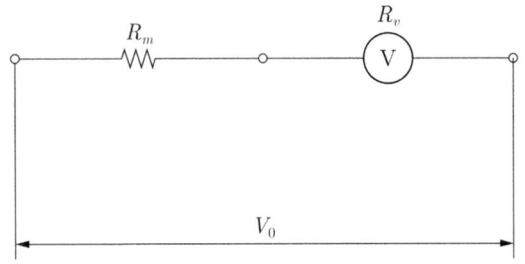

• 계산 :

• 답 :

> **Answer**

계산 : 회로의 전류 $I = \dfrac{V_0}{R_m + R_v}$ [A]

전압계의 전압 $V = IR_v = \dfrac{R_v}{R_m + R_v} V_0$

배율기의 저항 $R_m = R_v \left(\dfrac{V_0}{V} - 1 \right)$

답 : $R_m = R_v \left(\dfrac{V_0}{V} - 1 \right)$

173 특고압용 변압기의 내부고장 검출방법을 3가지만 적으시오.

① :   ② :   ③ :

> **Answer**

- 비율차동계전기
- 부흐홀쯔계전기
- 충격압력계전기

174 피뢰시스템의 수뢰부시스템에 대한 다음 각 물음에 답하시오.

(1) 수뢰부시스템의 구성 요소 3가지를 적으시오.
 • 답 :
(2) 수뢰부시스템의 배치 방법 3가지를 적으시오.
 • 답 :

> **Answer**

(1) 돌침, 수평도체, 메시도체
(2) 보호각법, 회전구체법, 메시법

175 다음 각 항목을 측정하는 데 가장 알맞은 계측기 또는 측정방법을 쓰시오.

(1) 변압기의 절연저항 :   (2) 검류계의 내부저항 :
(3) 전해액의 저항 :   (4) 배전선의 전류 :
(5) 접지극 접지저항 :

> **Answer**

(1) 절연저항계(메거) (2) 휘스톤 브리지 (3) 콜라우시 브리지
(4) 후크온 메터 (5) 콜라우시 브리지

176 한국전기설비규정에 따라 사용 자재에 의한 공사방법을 배선시스템에 따른 배선공사방법으로 분류한 표이다. 빈칸에 알맞은 내용을 적으시오.

종류	공사방법
전선관 시스템	합성수지관공사, 금속관공사, 휨(가요)전선관공사
케이블트렁킹 시스템	(①), (②), 금속트렁킹공사
케이블 덕팅 시스템	플로어덕트공사, 셀룰러덕트공사, 금속덕트공사

① 　　　　　　　　　　　　　　　　②

Answer

① 합성수지몰드공사　　② 금속몰드공사

---

177 다음 약호에 대한 전선 종류의 명칭을 정확히 쓰시오.

(1) 450/750[V] HFIO
(2) 0.6/1[kV] PNCT

Answer

(1) 450/750[V] 저독성 난연 폴리올레핀 절연전선
(2) 0.6/1[kV] EP 고무절연 클로로프렌 캡타이어 케이블

---

178 다음 조명 용어에 대한 기호 및 단위를 적으시오.

(1) 휘도		(2) 광도		(3) 조도		(4) 광속발산도	
기호	단위	기호	단위	기호	단위	기호	단위
①	②	①	②	①	②	①	②

(1) ①　　　　　　　　　　　　　　②
(2) ①　　　　　　　　　　　　　　②
(3) ①　　　　　　　　　　　　　　②
(4) ①　　　　　　　　　　　　　　②

Answer

(1) ① B　② [cd/m²]　　(2) ① I　② [cd]
(3) ① E　② [lx]　　　(4) ① R　② [rlx]

179 한국전기설비규정에 따른 저압전로 중의 전동기 보호용 과전류보호장치의 시설에 관한 설명 중 일부이다. 빈칸에 알맞은 내용을 적으시오.

> 옥내에 시설하는 전동기(정격 출력이 0.2[kW] 이하인 것을 제외한다. 이하 여기에서 같다)에는 전동기가 손상될 우려가 있는 과전류가 생겼을 때에 자동적으로 이를 저지하거나 이를 경보하는 장치를 하여야 한다. 다만, 다음의 어느 하나에 해당하는 경우에는 그러하지 아니하다.
> 가. 전동기를 운전 중 상시 취급자가 감시할 수 있는 위치에 시설하는 경우
> 나. 전동기의 구조나 부하의 성질로 보아 전동기가 손상될 수 있는 과전류가 생길 우려가 없는 경우
> 다. 단상전동기[KS C 4204(2013)의 표준정격의 것을 말한다]로써 그 전원측 전로에 시설하는 과전류 차단기의 정격전류가 (①)[A](배선차단기는 (②)[A]) 이하인 경우

① ②

Answer

① 16   ② 20

---

180 3상 농형 유도전동기의 기동방법 중 기동전류가 가장 큰 기동방법과 기동토크가 가장 큰 기동방법을 보기에서 골라서 적으시오.

> [보기] : 직입기동, Y-△기동, 리액터기동, 콘돌퍼기동

(1) 기동전류가 가장 큰 기동방법
(2) 기동토크가 가장 큰 기동방법

Answer

(1) 직입기동   (2) 직입기동

---

181 피뢰기의 종류를 구조에 따라 분류할 때 종류 4가지를 적으시오.

① ②
③ ④

Answer

① 저항형 피뢰기   ② 밸브형 피뢰기
③ 밸브저항형 피뢰기   ④ 방출통형 피뢰기

---

182 책임 설계 감리원이 설계 감리의 기성 및 준공을 처리한 때에 발주자에게 제출하는 준공서류 중 감리기록서류 5가지를 적으시오. 단, 설계감리업무 수행지침을 따른다.

① ② ③
④ ⑤

Answer

① 설계감리일지
② 설계감리지시부

③ 설계감리기록부
④ 설계감리요청서
⑤ 설계자와 협의사항 기록부

183 변압기 또는 선로 사고에 의하여 뱅킹 내의 건전한 변압기의 일부 또는 전부가 연쇄적으로 회로로부터 차단되는 현상을 뜻하는 용어를 적으시오.

Answer

캐스케이딩 현상

184 서지 흡수기(Surge Absorber)의 주요 기능과 설치 위치에 대하여 쓰시오.

- 주요 기능 :
- 설치 위치 :

Answer

- 주요 기능 : **구내선로**에서 발생할 수 있는 **개폐서지, 순간과도전압** 등으로 2차기기에 악영향을 주는 것을 방지
- 설치 위치 : 보호하려는 기기전단으로 개폐서지를 발생하는 **차단기 후단과 부하측 사이에 설치**

185 "전력보안 통신설비"란 전력의 수급에 필요한 급전·운전·보수 등의 업무에 사용되는 전화나 원격지에 있는 설비의 감시·제어·계측·계통보호를 위해 전기적·광학적으로 신호를 송·수신하는 제 장치·전송로 설비 및 전원설비 등을 말한다. 전력보안통신설비의 시설장소를 3곳만 적으시오.

①
②
③

Answer

① 66[kV], 154[kV], 345[kV], 765[kV] 계통 송전선로 구간(가공, 지중, 해저) 및 안전상 특히 필요한 경우에 전선로의 적당한 곳
② 고압 및 특고압 지중전선로가 시설되어 있는 전력구내에서 안전상 특히 필요한 경우의 적당한 곳
③ 직류 계통 송전선로 구간 및 안전상 특히 필요한 경우의 적당한 곳

186 조명에서 사용되는 용어 중 광속, 조도, 광도의 정의를 설명하시오.

- 광속 :
- 조도 :
- 광도 :

Answer

- 광속 : 광원에서 나오는 **복사속을 눈으로 보아 빛**으로 느끼는 크기를 나타낸 것
- 조도 : 어떤 물체에 광속이 입사하면 그 면이 밝게 빛나게 되는 정도
- 광도 : 발산 광속의 입체각 밀도

187 수용률(Demand Factor)을 식으로 나타내고 서술하시오.

- 식 :
- 설명 :

Answer

- 식 : 수용률 = $\dfrac{\text{최대 수용 전력}}{\text{설비용량}} \times 100[\%]$
- 설명 : **최대 전력과 부하설비 용량과의 비**를 말하며 최대 전력은 수용가의 계약용량과 수전용 변압기의 용량을 결정하는 중요한 계수

188 그림은 154[kV] 계통의 절연 협조를 위한 각 기기의 절연 강도에 대한 비교 그림이다. 변압기, 선로애자, 개폐기 지지애자, 피뢰기 제한전압이 속해 있는 부분은 어느 곳인지 그림의 □ 안에 적으시오.

① 860[kV] ② 750[kV] ③ 650[kV] ④ 460[kV]
절연강도 비교(BIL 650)

① ② ③ ④

Answer

① 선로애자   ② 개폐기 지지애자
③ 변압기   ④ 피뢰기 제한전압

189 수전설비의 주요기기인 변압기가 특별고압용변압기(뱅크용량 5,000[kVA]이상)일 경우, 변압기의 내부고장을 조기에 검출하여 2차적 재해를 방지하고 있다. 내부고장을 검출하는 수단으로 전기적 검출방식과 기계적 검출방식이 있는데 이들 방식에 사용되는 기기를 적으시오.

- 전기적 검출장치(1가지) : (   )
- 기계적 검출장치(2가지) : (   ) (   )

Answer

- 전기적 검출장치(1가지) : 비율차동 계전기
- 기계적 검출장치(2가지) : 부흐홀츠 계전기, 충격압력 계전기

190 역률 개선에 대한 효과를 3가지 적으시오.

① ② ③

Answer

① 설비용량 여유분 증가
② 전압강하 감소
③ 전력손실 감소

191 그림과 같은 저압 배선방식의 명칭과 특징을 4가지만 적으시오.

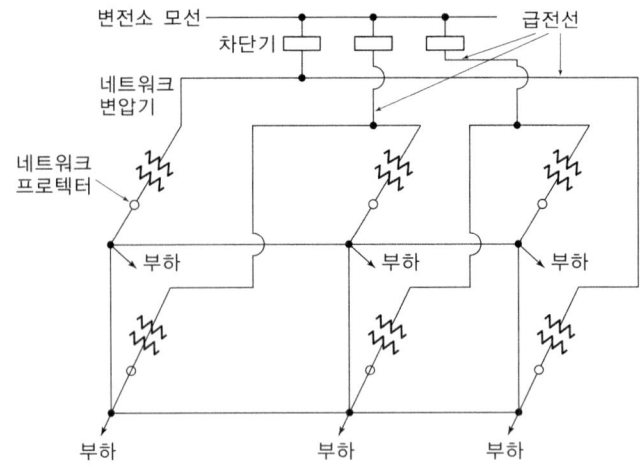

(1) 명칭 :
(2) 특징(4가지) :
　　① 　　　　　　　　　　　　　　②
　　③ 　　　　　　　　　　　　　　④

Answer

(1) 명칭 : 저압 네트워크 방식
(2) 특징(4가지) :
　　① **무정전 공급**이 가능하다(공급신뢰성이 가장 우수).
　　② 전압 강하가 작다.
　　③ 플리커 현상이 적다.
　　④ 전력 손실이 작다.

192 계전기에 최소 동작값을 넘는 전류를 인가하였을 때부터 그 접점을 닫을 때까지 요하는 시간, 즉 동작시간을 한시 또는 시한이라고 한다. 다음 그림은 계전기를 한시 특성으로 분류하여 그린 것이다. 특성에 맞는 곡선에 해당하는 계전기의 명칭을 적으시오.

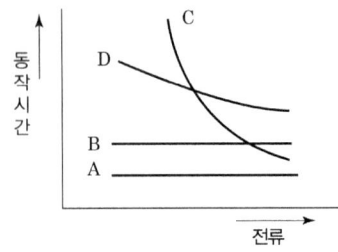

특성 곡선	계전기 명칭
A	
B	
C	
D	

Answer

특성 곡선	계전기 명칭
A	순한시 계전기
B	정한시 계전기
C	반한시 계전기
D	반한시성 정한시 계전기

193 피뢰기의 구비조건을 3가지만 적으시오.

① ②
③

Answer

① 충격 방전 개시 전압이 낮을 것
② 상용주파 방전 개시 전압이 높을 것
③ 방전내량이 크면서 제한전압이 낮을 것

194 다음은 유도장해의 구분 및 종류에 대한 내용이다. 다음 ( )에 들어갈 알맞은 내용을 적으시오.

○ (①)은/는 전력선과 통신선과의 상호 인덕턴스에 의해 발생하는 것
○ (②)은/는 전력선과 통신선과의 상호 정전용량에 의해 발생하는 것
○ (③)은/는 양자의 영향에 의하지만 상용 주파수보다 고조파의 유도에 의한 잡음 장해로 되는 것

① ② ③

Answer

① 전자유도 ② 정전유도 ③ 고조파유도

195 다음은 전압의 구분 및 종류에 대한 내용이다. 다음 ( )에 들어갈 알맞은 내용을 적으시오.

○ (①)은/는 전선로를 대표하는 선간전압을 말하고, 이 전압으로 그 계통의 송전전압을 나타낸다.
○ (②)은/는 그 전선로에 통상 발생하는 최고의 선간 전압으로서 염해대책, 1선 지락고장 시 등 내부 이상전압, 코로나 장해, 정전유도 등을 고려할 때의 표준이 되는 전압이다.

① ②

Answer

① 공칭전압 ② 최고전압

196 다음 내용을 보고 빈칸에 들어갈 알맞은 내용의 용어와 단위를 적으시오.

> ○ ( ) : 조명설비에서 복사에너지를 눈으로 보아 빛으로 느끼는 크기를 나타낸 것으로, 광원으로부터 발산되는 빛의 양

• 용어 :   • 단위 :

Answer

용어 : 광속, 단위 : [lm]

---

197 다음의 각 경우에 대한 저압 가공인입선의 전선 높이를 적으시오.

(1) 도로를 횡단하는 경우 노면상 몇 [m] 이상인가?(단, 기술상 부득이한 경우 교통에 지장이 없을 때는 제외)
(2) 철도 또는 궤도를 횡단하는 경우 레일면상 몇 [m] 이상인가?

Answer

(1) 5[m]   (2) 6.5[m]

---

198 다음 차단기의 한글 명칭을 적으시오.

• VCB :   • OCB :   • ACB :

Answer

• VCB : 진공차단기   • OCB : 유입차단기   • ACB : 기중차단기

---

199 한국전기설비규정에 따른 전선의 식별 중 상구분에 따른 알맞은 색상을 적으시오.

상(문자)	색상
L1	
L2	
L3	
N	
보호도체	

Answer

상(문자)	색상
L1	갈색
L2	흑색
L3	회색
N	청색
보호도체	녹색-노란색

200 전력기술관리법에 따르면 종합설계업의 기술인력은 각 2명씩 갖추어야 한다. 이에 해당하는 기술인력 3가지를 적으시오.

①   ②   ③

Answer

① 전기분야 기술사   ② 설계사   ③ 설계보조자

201 다음 설명에 알맞은 정격의 종류를 적으시오.

전동기 정격의 종류	설명
①	지정 조건 밑에서 연속 사용할 때 규정으로 정해진 온도상승, 기타 제한을 넘지 않는 정격
②	지정된 일정한 단시간의 사용조건으로 운전할 때 규정으로 정해진 온도상승, 기타 제한을 넘지 않는 정격
③	지정 조건하에서 반복 사용하는 경우 규정으로 정해진 온도상승, 기타 제한을 넘지 않는 정격

①   ②   ③

Answer

① 연속 정격   ② 단시간 정격   ③ 반복 정격

202 전기공사업법령에 따른 등록사항의 변경신고에 대한 내용 중 공사업자는 등록사항 중 "대통령령으로 정하는 중요사항"이 변경된 경우에는 시도지사에게 그 사실을 신고하여야 한다. 이 때 "대통령령으로 정하는 중요 사항"을 2가지만 적으시오.

①   ②

Answer

① 상호 또는 명칭   ② 영업소의 소재지

203 부등률의 정의를 적으시오.

•

Answer

배전 변압기 또는 간선에서의 합성 최대 수용 전력은 각 수용가에서의 최대 수용 전력의 합보다 적게 되는데, 이 비를 나타낸 것

204 다음 수전설비 시스템의 알맞은 명칭을 적으시오.

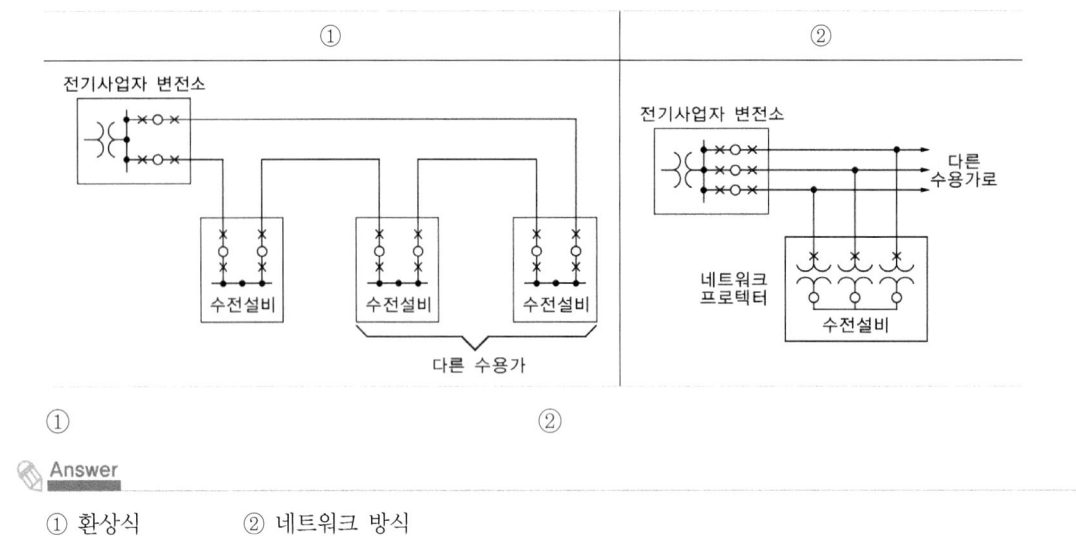

① ②

Answer

① 환상식   ② 네트워크 방식

205 전기설비기술기준에 따른 용어의 정의 중 보기에서 알맞은 용어를 골라 적으시오.

〈 용어의 정의 〉
(①)란 전력계통의 운영에 관한 지시 및 급전조작을 하는 곳을 말한다.
(②)이란 강전류 전기의 전송에 사용하는 전기 도체, 절연물로 피복한 전기 도체 또는 절연물로 피복한 전기 도체를 다시 보호 피복한 전기 도체를 말한다.
(③)란 통상의 사용 상태에서 전기가 통하고 있는 곳을 말한다.
(④)란 발전소·변전소·개폐소, 이에 준하는 곳, 전기사용장소 상호간의 전선(전차선을 제외한다) 및 이를 지지하거나 수용하는 시설물을 말한다.

〈 보 기 〉
급전소, 개폐소, 배선, 발전소, 변전소, 전선로, 전로, 전선

① ② ③ ④

Answer

① 급전소   ② 전선   ③ 전로   ④ 전선로

206 한국전기설비규정에 따른 접지시스템의 구분 및 종류에 대한 내용이다. 빈칸에 들어갈 내용을 적으시오.

○ 접지시스템은 (①), (②), (③) 등으로 구분한다.
○ 접지시스템의 시설 종류에는 (④), (⑤), (⑥)가 있다.

① ② ③
④ ⑤ ⑥

Answer

① 계통접지   ② 보호접지   ③ 피뢰시스템 접지
④ 단독접지   ⑤ 공통접지   ⑥ 통합접지

207 ★☆☆☆☆
다음의 조명용어의 정의를 적으시오.

(1) 전등효율 :
(2) 연색성 :

Answer

(1) 전등효율 : 소비전력에 대한 발산광속의 비
(2) 연색성 : 빛의 분광 특성이 색의 보임에 미치는 효과를 말하며, 동일한 색을 가진 것이라도 조명하는 빛에 따라 다르게 보이는 특성

208 ★★★☆☆
그림은 갭형 피뢰기와 갭레스형 피뢰기의 구조를 나타낸 것이다. 화살표로 표시된 ①~⑥의 각 부분의 명칭을 적으시오.

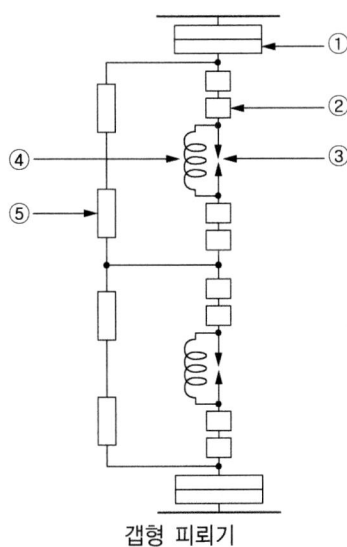
갭형 피뢰기

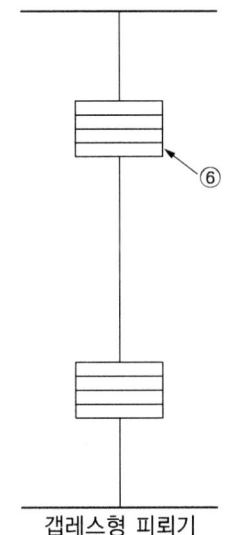
갭레스형 피뢰기

Answer

① 특성요소   ② 주갭   ③ 측로갭
④ 분로저항   ⑤ 소호코일   ⑥ 특성요소

209 ★☆☆☆☆
전력시설물 공사감리업무 수행지침에 따라 감리원은 해당 공사 완료 후 준공검사 전에 사전 시운전 등이 필요한 부분에 대하여는 공사업자에게 시운전을 위한 계획을 수립하여 시운전 30일 이내에 제출하도록하고 이를 검토하여 발주자에게 제출하여야 한다. 보기를 참고하여 시운전을 위한 계획에 포함되어야 할 사항을 모두 적으시오.

〈 보 기 〉
① 시운전 일정   ② 시험장비 확보   ③ 공사계약문서 작성
④ 안전요원 선임계획   ⑤ 기계기구 사용계획   ⑥ 지원업무담당자 지정

Answer

시운전 일정, 시험장비 확보, 기계기구 사용계획

210 한국전기설비규정에 따른 수용가 설비에서의 전압강하에 대한 내용이다. 다른 조건을 고려하지 않는다면 수용가 설비의 인입구로부터 기기까지의 전압강하[%]를 적으시오.

설비의 유형	조명[%]	기타[%]
저압으로 수전하는 경우	(①)	(②)
고압 이상으로 수전하는 경우	(③)	8

① ② ③

Answer

① 3　　② 5　　③ 6